第一印象心理学

周一南 ——— 著

古吴轩出版社
中国·苏州

图书在版编目（CIP）数据

第一印象心理学 / 周一南著. — 苏州：古吴轩出版社，2019.5
ISBN 978-7-5546-1347-4

Ⅰ．①第… Ⅱ．①周… Ⅲ．①心理学－通俗读物 Ⅳ．①B848.4-49

中国版本图书馆CIP数据核字（2019）第050854号

责任编辑：蒋丽华
见习编辑：顾　熙
策　　划：牛成成
封面设计：尧丽设计室

书　　名	第一印象心理学
著　　者	周一南
出版发行	古吴轩出版社
地址	苏州市十梓街458号　邮编：215006
Http	//www.guwuxuancbs.com　E-mail: gwxcbs@126.com
电话	0512-65233679　传真：0512-65220750
出 版 人	钱经纬
印　　刷	大厂回族自治县彩虹印刷有限公司
开　　本	710×1000　1/16
印　　张	14.5
版　　次	2019年5月第1版　第1次印刷
书　　号	ISBN 978-7-5546-1347-4
定　　价	42.00元

如有印装质量问题，请与印刷厂联系。0316-8863998

前言

在画家眼里，第一印象是他画出的第一笔色彩，为整幅画定下了基调；在戏剧家眼里，第一印象是他所写的人生大戏的序幕，是整部戏展开的基础；在雕塑家眼里，第一印象是他在石坯上刻出的第一刀，决定着雕刻作品最终的品相；在美食家眼里，第一印象是宴席上的开胃酒，影响着他对菜品的最终评价……

毫不夸张地说，第一印象无处不在。小到你的每一个动作、每一句话，大到你对每一件事的处理方式。第一印象也许是你的造型装扮，也许是你的身体语言，也许是你的性别魅力，也许是你的个人修养，也许是你的人生观，也许是你的话题选择，也许是你的表达方式……生活中的点点滴滴、方方面面，都是你第一印象的载体。

卓别林的小胡子和大皮鞋，丘吉尔的演讲口才，雷锋的螺丝钉精神，贝克汉姆的帅气面庞，周星驰的无厘头搞笑，等等，无论过去多少年，只要一想起来，总会有一种非常亲切的感觉，这就是第一印象的巨大魅力。

第一印象的重要性在于，它可以悄无声息地影响你的人生。对于留下了较好的第一印象的人，我们总会多一分关注，而且乐于与其交往，也能够比较轻松地赢得对方的好感；对于留下了不好的第一印象的人，我们往往十分冷淡甚至反感，完全不想与其进行更多的交流。

更为重要的是，第一印象一旦形成，就很难再改变，即便有时第一印象并不准确，我们在潜意识中也会坚定地认为第一印象才是最准确的。这是首因效应在发挥作用，它对日后的人际关系将会产生直接而重大的影响。

所以说，在初次交往中就给别人留下良好的第一印象，这是非常重要的。良好的第一印象是通向人际交往坦途的首班车，能给日后的交往带来诸多的便利，能为你搭建展示自己的绚烂舞台，助你在交际路上越走越顺，越走越好。

但是令人遗憾的是，总有一些人不重视初次交往时给人留下的第一印象，所以总是难以在社交活动中获得成功。可以说，不好的第一印象是人际交往的绊脚石，会给交往带来阻碍和麻烦。所以，我们应该采取一定的交际策略，争取在交往之初就给别人留下良好的第一印象，为以后的顺利沟通奠定坚实的基础。

本书从心理学的角度解读第一印象形成的原理、过程及影响因素，全面而准确地向读者展现第一印象的真实面貌。本书不仅会告诉你如何给人留下良好的第一印象，还会告诉你如何修正某些方面的不足，从而全方位提升个人魅力，打造更精彩的人生。

本书的特点是语言朴实、通俗易懂，内容深入浅出，便于操作。相信读者能够从书中发现有益的知识，让自己的第一印象绽放光彩。

目录

第一章 懂点心理学效应,让第一印象为你加分

首因效应:第一印象是块敲门砖 // 002

亲和效应:展现亲和力,打开他人的心扉 // 006

晕轮效应:在别人面前展现最好的自己 // 009

名片效应:一致性让双方走得更近 // 012

反映法则:善待别人,会换来别人的善待 // 015

投射效应:你眼中的自己不一定是别人眼中的你 // 018

墨菲定律:越怕什么,越来什么 // 022

第二章 造型装扮:凭惊艳扮相赢得第一眼缘

着装原则:契合周围环境,衣着让人倍感亲切 // 026

穿衣风格,透露你的个性 // 029

穿上职业装,满足对方被尊重的需求 // 033

发型是个人形象的"代言人" // 036

合适的饰物,展现独特魅力 // 039

衣服颜色折射心理状态 // 042

"装饰"出不一样的第一印象 // 045

第三章 身体语言：肢体动作中隐藏着的微妙心理

电波效应：眼睛比耳朵更善于"倾听" // 050

微笑法则：笑脸相迎的人更具亲和力 // 053

嘴角上扬的人大多心胸宽广 // 056

莫把握手当作例行公事 // 059

手背在身后，表露自信心态 // 062

你想用手势表达什么 // 065

轻拍肩膀，表达友好与善意 // 069

主动斟酒的人，更有深交的价值 // 072

走路矫健有力，传递积极向上的信息 // 076

第四章 性别魅力：易被忽视的深刻印象塑造法

性别魅力为第一印象增加天然吸引力 // 080

展现性别魅力的三种类型 // 083

表示欣赏：施展性别魅力的有效手段 // 087

异性相吸：人们对异性总是缺乏"免疫力" // 090

示爱时如何给对方留下好印象 // 092

接受不了自己，就别奢望吸引别人 // 096

第五章 个人修养：内在美让个人形象急速提升

知识为王：博学者受人敬仰 // 100

特里法则：勇于认错、敢作敢当的人魅力更足 // 103

诚实助你突破对方的心理防线 //106

虚心请教，你将赢得人心 //109

自嘲法则：适当自嘲，展现幽默的魅力 //113

自信一点，你会变得不一样 //115

谦逊让别人对你充满好感 //118

放低姿态的人，往往可以站得很高 //122

第六章 人生观：良好印象源自科学的认知

超限效应：拿捏分寸很重要 //126

灵活变通，给人留下积极的第一印象 //129

自我地位认知一：高人一等 //133

自我地位认知二：彼此平等 //136

自我地位认知三：低人一等 //139

关注点不同，传达的人生观也不同 //142

正确掌控，展现截然不同的第一印象 //144

第七章 话题选择：聊得投机才能缩短心理距离

挖出相似经历，交流自然水到渠成 //148

以对方为重，不急于展示自己 //152

找出共同语言，获得认同更容易 //155

"对别人说"的四种风格 //158

在对方关心的话题上做文章 //162

从对方的兴趣爱好着手 // 165

话题有干货，聊起来更起劲 // 169

第八章 有效表达：会说话，迅速提升他人对你的好感度

鸡尾酒会效应：对自己的名字，人们总会多一分关注 // 174

精彩开场白，一开口就能吸引人 // 177

用词是素质的体现 // 181

掌控节奏，为讲话打好节拍 // 185

音量适中，听起来才舒服 // 189

适当原则：要赞美，不要奉承 // 193

第九章 在不同场合中，打造良好第一印象的方法

自己人效应：客户喜欢与自己有相同兴趣的销售员 // 198

要想面试成功，关键在于见到面试官的第一眼 // 201

塑造一个良好的新同事形象 // 204

经常向领导请教，虚心学习才能受赏识 // 208

南风法则：让下属暖心的管理，需要一些"人情味" // 212

刺猬法则：保持不远不近的恋爱关系 // 215

附 录 初次交谈的技巧 // 218

第一章
懂点心理学效应，让第一印象为你加分

第一印象的形成，只需要短短的45秒。虽然时间很短暂，但是大脑在这段时间内接收的信息量十分惊人。如果能够巧妙地运用这短暂的时间，向别人传递我们想要传递的信息，那么就能给对方留下较好的第一印象。想要顺利实现这一目标，我们应该懂一些心理学效应，以便从心灵深处对对方产生影响。

> ◉ 初次见面时给人留下的印象总是深深地刻印在别人的头脑中，而且难以改变，这都是首因效应在起作用。

首因效应：第一印象是块敲门砖

相关研究表明，第一印象的形成，只需要短短的45秒。而且这种印象一旦形成，就会在人的头脑中占据十分重要的主导位置。第一印象对人产生的这种影响，就是我们常说的首因效应。

根据这一研究结果，我们也就不难理解，为什么很多人会对"第一"有特殊的感情，甚至对"第一"情有独钟。比如，第一天上学、第一个恋人、第一次领工资等，总能给人留下难以磨灭的印象，而对"第二""第三""第四"等就没有那么深刻的记忆了。

在第一印象形成之后，它就会根深蒂固地存在于我们的大脑之中，这使得大脑对第二印象、第三印象所传达的信息明显不够重视。无论第一印象产生于何处，源自何种原因，人们总会不自觉地相信初次接收到的信息是真实准确的。

如果你在初次与人见面时表现出和善友好的一面，那么对方就会对你有一个较好的第一印象，认为你是一个富有魅力、值得交往的人，即便在这之后，你的表现有所下滑，对方也不会放在心上，依然会对你抱有极大的热情。

同理，如果你在初次与人见面时就表现得无法让对方满意，那么不良的第一印象就会在相当长的一段时间里影响你在对方心目中的个人形象，以至于你做出很多次的努力，都无法起到有效弥补的作用。

有人觉得，第一印象并不能完全反映一个人的真实状态，毕竟别人看到的只是一个极小的缩影，而非形象的全部。这种想法确实没错，但是心理学的一些研究已经充分证明，人们在评价他人的时候总是习惯于先入为主。只要形成了第一印象，人们总会以这个固有的印象对他人做出判断。即使这个印象只是他人的微小缩影，它也能够代表这个人，这个印象反映出的就是这个人真实的样子。

你正在银行等待办理业务，一个陌生人走进来，他面带微笑地向你示意，并坐在你旁边的座位上。他主动和你聊天，话题涉及天气、电影、工作等。有些你不愿谈及的内容，他便一带而过，而你感兴趣的话题，他会热情地深聊下去。他情绪高涨、谈吐幽默，你能深刻地感受到他是一个十分亲切的交谈对象，想象着和他成为朋友一定是件有趣的事。时间过得很快，马上就要轮到你办理业务了，你意犹未尽地与那个人道别。办理完业务之后，你甚至还会主动走到那个陌生人面前，微笑着和他道别。

类似的场景你是否经历过？实际上你对陌生人一无所知，甚至连他的名字都不知道，可是你就这样莫名其妙地被他吸引住了。在短暂的交流之后，你的头脑中已经形成了一个丰满立体的形象，你感觉已经对这个人有了充分的了解，并认为他和你有很多相似的地方，你们两个人可以成为很好的朋友。这就是第一印象所起到的作用。

第一印象的形成过程可以分为如下三个阶段：

1. 初次接收信息

在这个阶段，你从陌生人的身体语言、言谈举止及他对你的态度等方面接收到相关的信息，并进行初步整合。

2. 形成第一印象

根据初次接收到的信息，你对陌生人产生了第一印象，并根据这个印象对陌生人的情况做出种种分析和假设。

3. 筛选后续信息

第一印象形成之后，你的大脑便不自觉地过滤掉那些与第一印象相悖的信息，而搜集那些与第一印象相符的信息。通过对后续信息的筛选，你的第一印象得以不断强化。

从第一印象的形成过程中不难发现，大脑对信息的收集和筛选是从我们看见别人的第一眼开始的,而对于之前发生的事情,我们并不知晓。这就导致我们会产生一些有失偏颇的第一印象。比如,某个人在我们面前表现得很愤怒,这让我们觉得他是一个脾气不好的人,可是实际上,他愤怒只是因为他之前受到了不公待遇,而平时的他是一个十分亲善的人。

相信很多人都觉得别人眼中的自己和真实的自己有很大的差距,之所以这样,是因为我们给人留下的第一印象出现了偏差,误导了别人的看法。理解其中的原理,懂得第一印象心理学的运作模式,我们就能更好地呈现自己,传递信息。

首因效应往往带有主观色彩,这一点毋庸置疑,姑且不论这种主观的判断是否公平,单从首因效应对我们的影响而言,也应该让它为我们所用——树立良好的第一印象,增加人格的吸引力。

自 我 检 查

◎ 在别人眼中,我是一个值得深入交往的人吗?

◎ 与别人初次见面时,我会凭第一印象否定他吗?

> ● 一个人的亲和力，决定着他与别人的亲密程度。越有亲和力，越能吸引别人，越有助于树立良好的形象。

亲和效应：展现亲和力，打开他人的心扉

人是群居动物，一般而言，很少有人能够脱离所处的社会，而以一个单独的个体存在。这是人的社会属性的一个表现。

生活在社会中的任何一个人，都有自己的诉求和欲望，而想要表达自己的诉求，满足自己的欲望，沟通和交流显然是非常必要的。在交往过程中，那些与你具有相似点的人，往往更能引起你的关注，让你产生更多好感。比如，你在大街上遇到一个与自己相貌相似的人，心里往往会涌起一股热流，很想结识他，甚至想和他成为亲密的朋友。

对于与你有相似之处的人，你总会觉得更加亲切，更愿意与之接近。这就是所谓的亲和效应。受亲和效应的影响，你越是想要亲近的人，越会给你亲和力强的感觉。你会更愿意敞开心扉，与他们进行更多的交流。

亲和效应时刻存在于你的身边，总会不知不觉地对你的工作和

生活产生影响。同样道理，你的亲和力也会对别人产生影响。尤其是在初次见面时，亲和力对第一印象有着十分显著而重要的影响。也就是说，你的亲和力决定着你能否拥有和对方继续沟通的机会。在沟通的过程中，亲和力还会影响沟通的质量。

初次与人见面时，你可能会让对方感觉很紧张，也可能会让对方感觉很放松；你可能会让对方不愿继续沟通，也可能会让对方对沟通充满期待。对方究竟会产生怎样的感受，与你表现出的亲和力紧密相关。也许你并没有意识到自己具有这种能力，但是它切切实实地存在，如果你能很好地理解并运用这种能力，你就能让身边的人感觉十分舒适，并由此给他们留下良好的第一印象。

想要拥有较强的亲和力，可以从以下几个方面入手：

（1）热情主动。主动和别人打招呼的人，传递出的往往是善意，其热情能够感染身边的人。

（2）态度温和。讲话柔和的人，给人一种亲切感，即便出现分歧，也不会爆发冲突。

（3）多用敬语。经常使用敬语的人，常常给人留下谦逊和尊重别人的印象，这让人们更愿意接近他。

（4）认真倾听。愿意倾听别人说话的人，往往能先人后己，这种表现让人们更愿意对其敞开心扉。

（5）言谈幽默。说话风趣幽默的人，能够消除双方的紧张感，让沟通在融洽的氛围中展开。

（6）关注细节。关注细节的人，往往能在细微处感动别人，让别人产生"他确实很关注我"的想法，由此对其产生良好的印象。

（7）善用赞美。能够发现对方的优点，并善于赞美的人，往往能让人产生更多的亲切感和好感。

一个人能否给别人留下良好的第一印象，与其亲和力有着紧密的联系。如果你想在初次见面时就给对方留下一个好印象，想要迅速与别人打成一片，那么就请你好好运用自己的亲和力，为自己打造出强大的人格魅力和吸引力。

自 我 检 查

◎我周围的人觉得我的亲和力如何？

◎和陌生人沟通时，我有办法让对方迅速向我敞开心扉吗？

> ◉ 很多人觉得月亮是十分美丽的，因此便认为与月亮有关的东西都是美丽的。这告诉我们，在初次与人见面时，要尽量展现自己最好的一面，尽可能地给对方留下美好的第一印象。

晕轮效应：在别人面前展现最好的自己

早在20世纪20年代，美国著名心理学家爱德华·桑戴克就提出了晕轮效应这一理论。晕轮效应还被称为"光环效应"。有这么好听的名字，还要感谢美丽的月亮：在大风天气的前夜，月亮四周会出现大大的圆环（月晕），看上去十分美丽。其实，月晕只是月光的扩大化或泛化，因为它是从美丽的月亮这个中心点向外扩散而来的，所以我们会不自觉地认为月晕也是美丽的。

在人际交往的过程中，我们往往会被某人身上具有的某种优秀特征深深吸引，并由此判定这个人各方面都是十分优秀的，这种情况出现的原因是我们受到了晕轮效应的影响。而实际上，这个人或许并不像我们想象中那么完美。

俄国大文豪普希金对"莫斯科第一美人"娜坦丽非常痴迷，他们俩经过爱情的洗礼之后最终走进了婚姻的殿堂。

娜坦丽确实美若天仙，但是她和普希金并没有什么共同语言。普希金经常在写完诗之后念给娜坦丽听，但是娜坦丽对此没有丝毫兴趣，她总是捂着耳朵说："我不听！我不听！"反过来，娜坦丽常常要求普希金和她一起四处游玩，并参加一些奢靡、豪华的晚宴、舞会等。出于对娜坦丽的喜爱，普希金只好停止自己的创作，尽自己最大的努力去满足娜坦丽的要求。久而久之，普希金欠下了巨额的债务，日子过得十分清贫。更令人惋惜的是，普希金为了娜坦丽而与人进行决斗，最终不幸身亡。一颗闪耀文坛的巨星，就这样早早地陨落了。

普希金被娜坦丽那美若天仙的容貌吸引，却没有注意到她身上存在的不足，也没有认真考虑两个人是不是真的适合在一起生活，结果让自己遭受了诸多磨难并最终失去了宝贵的生命。

晕轮效应并不单单体现在以貌取人这一点上，衣着、说话方式等都会给晕轮效应提供发挥的机会和空间。尤其是在初次与陌生人见面时，晕轮效应会有更加显著的体现。例如，初次会面时对方的穿着十分邋遢，我们十有八九会认定这个人的生活习惯不好；初次会面时对方彬彬有礼，我们基本会认定这个人是一个十分有教养的人。这种印象形成之后，我们就会不自觉地将这种差评或好评延展到这个人的方方面面、点点滴滴。

从认知的角度上说，晕轮效应其实是一种十分片面的判断。在初次与人接触的时候，我们能观察到的只是对方的极小的部分，由此便做出最终的判断，难免有失偏颇。甚至可以说，晕轮效应不过是我们自己的一种心理臆测而已，其中充满了主观色彩。具体而言，其偏颇主要体现在以下三个方面：

（1）晕轮效应体现的通常只是人或事的个别特征，但是我们受其影响，往往习惯于从个别推断普遍，就像盲人摸象一样，最终的结果难免以偏概全。

（2）晕轮效应会让我们把一些本没有什么联系的特征强行联系在一起，进而做出"有此特征就一定有彼特征"的错误判断。

（3）晕轮效应会让我们做出非常极端的评价，认为对的东西就全是对的，错的东西就全是错的，这显然与我们的主观意愿有极大的关系。

所以说，与人交往时，我们应该充分考虑晕轮效应对我们造成的影响。可以借助晕轮效应来拓宽和延展自己的交际之路，也要注意不被别人的"月晕"迷惑，以免交错了朋友。

自 我 检 查

◎ 我是一个喜欢主观臆断的人吗？

◎ 与陌生人交往时，我是否注意保持良好的形象？

> ● 在与人交往的过程中，一致性能够让对方迅速对我们产生更多的好感，使得对方更愿意与我们进行深入的交流。

名片效应：一致性让双方走得更近

在与人交往的过程中，假如我们首先表明自己和对方具有相同的价值观、处世态度等，就会让对方觉得我们与他有很多的相似之处，这样能够迅速拉近彼此之间的心理距离，使得对方更愿意与我们接近，进而建立良好的人际关系。

这个表明立场和态度的过程，就像是给对方递上了一张自己的名片一样，让对方初步认识我们，并对我们产生良好的第一印象。可以说，这一效应对人际交往有着十分重要的意义及较大的实用价值。

林肯在参加总统竞选时，曾来到伊利诺伊州。那个地方的人们大多是奴隶制度的忠实拥趸，所以林肯面临诸多的困境，甚至连自己的生命安全都难以保证。

但是，林肯并没有退缩，而是非常真诚地递上了自己的"名片"："伊利诺伊州的同乡们，肯塔基州的同乡们，还有密苏里州的同乡们，我听到消息说你们中有些人要与我作对，我真是搞不清楚你们这样做的目的是什么。我和你们一样，都是直率的平民，那我怎么没有和你们一样的发表意见的权利呢？好朋友们，我并没有要干涉你们的意思，我也是你们中的一员。我在肯塔基州出生，在伊利诺伊州长大，跟你们一样都经历了艰辛环境的磨砺。我认识一些伊利诺伊州和肯塔基州的人，也想结识一些密苏里州的人，因为我是他们中的一员，而他们也应该更加了解我。假如他们真正了解我，就会知道我并没有做什么有损于他们利益的事情，而且他们绝对不会再想做什么于我不利的事情了。同乡们，请不要做那些不理智的事情，让我们像朋友一样交往。我发誓要做世界上最谦逊的人，绝对不会做出有损于别人利益的事，也绝对没有干涉别人的意思。我现在诚挚地恳请你们，请让我说几句话，请你们仔细听着。我想，我的这个请求一定不会被拒绝的……"

在演讲的时候，林肯很巧妙地运用了名片效应，迅速拉近了与听众之间的心理距离。他所说的"我和你们一样，都是直率的平民"及"我也是你们中的一员"，已经鲜明地阐述了自己的立场，表明自己和听众有很多的相似之处。这让听众对他产生了亲切感和信任感，林肯的演讲也因此大获成功。

既然名片效应如此重要，那么应该怎样更好地加以运用呢？

1. 善于捕捉信息

在沟通的过程中,通过捕捉相关的信息,可以了解对方的喜好、态度等,然后从中寻找积极的、可接受的观点或看法,往往可以轻松打开对方的心门。这样一来,心理名片也就发挥了应有的作用。

2. 寻找恰当的时机

一张良好的心理名片,不仅需要契合对方的心理,也要在递出时掌握恰当的时机。只有恰到好处地打出"名片牌",才能给对方留下深刻的印象。

毋庸置疑,名片效应在人际沟通中颇具实用价值,对我们拓展人脉具有十分重要的意义。在各种场合中,适当地使用心理名片能有效地提升我们的亲和度,给对方留下亲切的初步印象。一旦对方和我们达成某种观点上的一致性,我们就能轻松地走进对方的内心世界,为接下来的沟通奠定良好的基础。

自 我 检 查

◎ 与人接触时,我喜欢与哪方面与我相似的人交往?

◎ 在别人眼中,我是一个容易找到相似点的人吗?

> ◉ 生活是一面镜子，你怎样对待它，它就会怎样对待你。在交际过程中，这个道理同样适用，你友善地对待别人，别人也会以同样的善意对待你。

反映法则：善待别人，会换来别人的善待

在心理学领域，有一个著名的反映法则，其内涵是"一个人生活的外在世界是其内在世界的真实反映"。也就是说，人的外在世界就像一面巨大的镜子，能够真实地映射出他的每一个细节。这一法则是了解人类行为的基本原则，用它几乎可以解释生活中遇到的每一件事情。

尤其是在人际交往方面，反映法则表现得更为突出。在人与人的交往中，反映法则有两方面的表现：

（1）个人的行为与心理的直接对应关系使得人的心理与外界环境之间产生了间接的对应关系。也就是说，外界环境的变化，能够反映人的心理变化。

（2）人们对待他人的态度，往往能够反映出他人的真实态度。也就是说，人们往往会本能地将他人对待自己的态度作为标准，并以此标准去对待他人。

动物学家和心理学家曾经联手做过一个实验：

他们在一个房间的墙壁上挂了很多面镜子，接着将两只性格迥异的猩猩先后关进这个房间。

先关进去的那只猩猩性情乖巧、温顺。它发现那些"同伴"都面带微笑地欢迎自己，于是很快就融入了这个"群体"之中，迅速和"同伴"打成一片。三天之后，当实验人员将这只猩猩带出房间时，它甚至有些依依不舍。

后关进去的那只猩猩性情暴烈、急躁。发现那些"同类"正注视着自己，它很快就被激怒了，于是它与那些"同类"展开了一场激烈的追逐和厮斗。三天之后，当实验人员准备将这只猩猩带出房间时，却发现它已经心力交瘁地死去了。

通过这个实验我们不难发现：人际关系就是一种货真价实的个性折射，它的状态其实就是你内心世界的反映。

从心理学的角度来说，积极的心理能够激发积极的行为，而积极的行为又能带来积极的结果，使我们的生活呈现出积极的一面；反过来说，消极的心理会带来消极的行为，而消极的行为又会带来消极的结果，使我们的生活呈现出消极的一面。由此可以看出，生活就是一面镜子，它所呈现的姿态是人们心态的真实反映。想要拥有和谐的人际关系，我们需要在以下几个方面多加注意：

1. 拥有积极的性格

自信、乐观、宽容等积极的性格，就像阳光一样能给人带来温暖，而且人们对美好的事物都有向往心理，所以积极的性格往往可以对人们产生极大的吸引力。

2. 勇敢表达对对方的好感

从心理学的角度来说，人们往往很难对喜爱自己的人表现出厌恶。也就是说，当我们勇敢地向对方表达好感时，对方往往会报以同样的喜爱之情。两个互相欣赏的人，交流起来自然会融洽许多。

3. 要有正确的心理动机

在与人沟通的过程中，不仅需要积极的态度，还要有正确的心理动机。只有心理动机正确，才能让双方的沟通走入正轨，给对方留下良好的印象；不正确的心理动机则会让沟通误入歧途，进而引起对方的反感甚至不满，给对方留下极差的印象。

总而言之，我们想要得到别人怎样的对待，首先就要怎样去对待别人。这是反映法则带给我们的深刻启迪，只要能够理解并善于运用，给人留下良好的第一印象并非难事。

自 我 检 查

◎ 别人对我充满恶意时，我会以牙还牙吗？

◎ 我善待别人的时候，是心甘情愿还是随意敷衍？

_____

_____

> ◉ 在交往的过程中，我们不仅会对交往对象做出评价，还会对自己产生认知，而且这种认知会被我们转嫁到交往对象身上。这种不知不觉的转嫁，其实是受到了投射效应的影响。

投射效应：你眼中的自己不一定是别人眼中的你

所谓投射效应，指的是将自己的特点归因到其他人身上的倾向。在认知和对他人形成印象时，人们总是倾向于根据自己的情况去评判他人，认为自己有怎样的看法，别人也会有怎样的看法，于是将自己的特征、意志及感情投射到其他人身上，由此产生推己及人的认知障碍。我们常常挂在嘴边的"以小人之心，度君子之腹"，就是投射效应的典型代表。

关于投射效应，心理学家罗斯做过这样一个实验：

罗斯一共找到了80名大学生，问他们："你们是否愿意背着一大块广告牌或宣传牌，在学校里四处走动一下？"结果，有60%的参与者，也就是48名大学生，愿意做这样的事；另外40%的参与者，也就是32名大学生，则不愿这样去做。进一步了解他们的想法，愿意这样做的学生表示他们觉得这件事情大多数人都会愿意做，而不愿这样做的学生则感觉根本没人会做这样的蠢事。

参与实验的任何一名大学生都不知道其余79名大学生会做出怎样的选择，每个人都是根据自己的想法给出最后的答案。在不知不觉间，每名大学生都将自己对待这件事情的态度转嫁到其他大学生身上，而根本没有顾及其他大学生的感受。这个实验的结果很好地印证了投射效应的存在。

投射虽然看不到，却真实存在于我们身体之中，它并非有意识地主动进行，而是心理活动的自发投射。一般而言，它有三种表现形式：

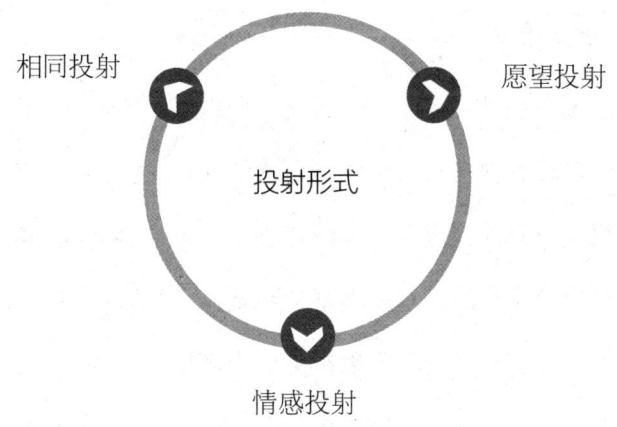

1. 相同投射

与陌生人交往的时候，由于彼此不够了解，相同投射效应往往很容易发生，常常会不由自主地从自身出发做出主观的判断。自己喜欢吃甜食，就觉得对方也会喜欢吃甜食，于是不经询问便邀请对方一起吃甜食，但是对方或许血糖偏高，不能吃甜食；自己觉得工作很轻松，就觉得同事也应该觉得很轻松，所以在同事提出问题的时候感觉无法理解甚至爱搭不理，却没想到每个人都有自己的优势和劣势，每个人都有自己不懂的东西。之所以发生这种投射，是因为我们忽视了自己和别人之间的不同，没有形成把自我和沟通对象加以区分的意识。

2. 愿望投射

愿望投射就是将自己的主观愿望强加于别人身上的投射现象。例如，一位女士觉得自己非常漂亮，她就会希望身边的人对自己的容貌多加赞美。这种投射造成的结果就是，当一个人对这位女士的容貌做出一般性的评价时，她也会将这个评价理解成赞美的意思。

3. 情感投射

一般而言，人们更喜欢和自己欣赏的人打交道，而且越相处越觉得对方优点很多；对自己不喜欢的人，人们则不愿有更多的交往，甚至稍有交往就觉得对方缺点颇多。受这种心理的影响，人们往往会对自己喜欢的人加以赞扬甚至吹捧，对自己不喜欢的人则会进行指责甚至诽谤。这种投射在爱情中表现得尤为显著，人们常说的"情人眼里出西施"就是其有力的证明。

很多时候，我们对自己的认知及对别人的认识会因为投射效应的影响而出现偏差。我们觉得自己是这个样子的，而且觉得在别人眼中我们也是这个样子的，但是事实上，我们对自己的印象并不等同于别人对我们的印象。比如，我们也许觉得自己造诣颇高，说出的话会让人信服，能够给人留下良好的第一印象，但是别人可能觉得我们说的话都是纸上谈兵或是空话、套话，没有什么实际价值。

因此，在与人交往的过程中，无论是对己还是对人，切不可因投射效应而盲目乐观，而要根据实际情况，尽量做出仔细的观察和客观的评价。这才是负责任的做法。而一个负责任的人，显然更容易给人留下好印象。

自 我 检 查

◎ 请人吃饭时，我会根据自己的喜好去揣测对方的喜好并据此点菜吗？

◎ 初次与别人见面时，我会主动谈论一些自以为对方感兴趣的话题吗？

> ◉ 很多人都有过这样的经历：越是害怕发生不好的事情，不好的事情越会找上门来。这并不存在什么玄妙的原因，而是与个人的心理状态有关。

墨菲定律：越怕什么，越来什么

墨菲定律的精髓在于：如果同时存在两种选择，而其中一种选择会引发灾难性的后果，那么肯定会有人做出这种选择。这个理论听起来有些不可思议甚至危言耸听，但是事实已经证明，这个定律确确实实存在，我们耳熟能详的"杞人忧天"的故事就是一个很好的例子。

做出选择的时候，没有人知道会有什么结果。因为在事情发展的过程中，会有很多的变量，任何一个细小的变化，都有可能对最终的结果产生影响。当然，在这诸多的不确定中，也有可以确定的东西，那就是越悲观的人越容易选择导致糟糕结果的那个选项。带有悲观情绪的人，通常担心事情无法往好的方向发展，于是时刻提醒自己要注意避免不好的事情。然而，一旦事情真的出现了不好的苗头，悲观的人就会觉得结果只会变得更糟，而不会去想解决的办法。在这种恐惧情绪的影响下，悲观的人会不自觉地做出不好的选择。

事实上，几乎所有人都有悲观情绪，只不过有些人能够巧妙地将它隐藏起来，有些人则会直接将它显露在外。这两种人的区别仅仅在于，前者的想法无人知晓，后者的想法人尽皆知。但是无论说与不说，糟糕结果出现的可能性都是一样的。所谓"越怕什么，越来什么"的魔咒，只不过是心理变化在起作用而已。

墨菲定律在很多场合都发挥着巨大的作用，社交场合自然也不例外。而且，越是初涉交际场的人，越容易受到它的影响。

孙淼才入职不久，对职场了解不多。一天，经理带着他去参加一个商务活动。在这个活动中，孙淼将会见到很多客户和合作伙伴。

面对这样一个千载难逢的机会，孙淼暗下决心要好好表现。同时，他也担心自己在这样的重要场合出丑，影响公司的形象。

因为有这种担忧，孙淼在活动中表现得畏首畏尾，甚至不敢大声与人交谈。最终，果然如他想象中那样，经理对他的表现甚为不满，客户对他也颇有微词。

经历这次活动之后，孙淼变得更加谨小慎微，完全没有一个职场新人应有的青春气息和冲劲。没过多久，孙淼便因巨大的压力而主动辞职。他给人留下的印象，也只是一个难堪大任的"逃兵"而已。

对于职场新人孙淼而言，想要掌握社交场合的种种规则是非常困难的。各种不确定性加上对社交场合的陌生感，使得他对自己产生了怀疑，总觉得如果自己的表现不够好，不仅会影响自己以后的发展，还会对公司产生消极的影响。在这种心理的影响下，孙淼想要发挥自己的正常水平，展现自己的能力无疑是十分困难的。越是担忧结果不好，就越畏畏缩缩，在墨菲定律的影响下，孙淼给人留下的印象自然好不到哪去。

在实际生活中，因受墨菲定律影响而无法给人留下良好印象的事情比比皆是。这种心理因素的作用非常大。在与人交往时，我们应该尽量避免受其影响，以乐观、平和的心态去面对陌生人和没有经历过的事。要记住，"怕"并不可怕，真正可怕的是"怕"背后的东西。只要能够抓住"怕"的本质，那么我们就能战胜"怕"，树立一个更好的个人形象。

自 我 检 查

◎ 做事情的时候，我是不是经常担心做不好，结果也真的像我想的那样不能令人满意？

◎ 我是不是很害怕与陌生人见面，担心给对方留下不好的印象？

第二章
造型装扮：凭惊艳扮相赢得第一眼缘

在一般情况下，服饰能够透露出一个人的品位、素质及内心世界等，通过不同的造型装扮，我们可以有效地传递恰当的信息，向别人展现一个与众不同的自己。得体而舒适的装扮，能够赢得让人惊艳的第一眼缘，并由此给对方留下深刻的第一印象。可以说，树立良好的形象，要从造型装扮开始。

> ● 一个人的着装，是别人第一眼就能看到的。选择与周围环境相符的衣服，会让你看起来更加亲切一些，有利于给他人留下良好的第一印象。

着装原则：契合周围环境，衣着让人倍感亲切

与人见面的时候，外表最先展示在别人面前，它向别人传递出我们的第一条信息。而在外表的诸多组成因素中，衣着则是十分重要的一个。毕竟，别人第一眼看到我们的时候，很难了解我们的性格、谈吐之类的内在部分，而衣服却显而易见地呈现在别人面前，向人"描述"着我们的"真实面目"。

试想一下，公司要举行一场隆重的慈善晚宴，同事们都穿着华美的晚礼服去参加，而你觉得天气太热，决定穿短裤、T恤去参加。到了现场，公司高层会对你产生怎样的印象？答案不言自明。

正是因为明白外表的重要性，所以我们在参加重要晚宴、参与商业谈判或约会时，往往会精心地打扮自己，以便让自己呈现出更好的状态。

想要塑造良好的形象，在选择衣服时就必须遵循一个重要的原

则：契合周围环境。只有着装能够融入周围的环境，才能让身边的人感觉舒心、自在，更愿意与我们进行沟通；如果着装与周围的环境格格不入，就会让身边的人产生疏远感，主动与我们拉开距离。

凯莉大学毕业之后就进入商界打拼，一干就是数十载。数十年的商界打拼，不仅令凯莉成了一名成功的商人，还使得她对时尚颇有了解，重视提升个人品位。

每次出席重要宴会，或是参加商务活动，凯莉的衣服总是搭配得非常巧妙，与当时的环境相契合。

在大城市生活了几十年之后，凯莉对忙碌的生活开始厌倦，于是决定迁居到离大城市较远的一个小城市工作和生活。在小城市里，生活节奏较慢，人与人之间的交往也相对简单，这让凯莉感觉十分惬意。

然而，凯莉虽然热爱这个小城市，也喜欢和当地的人交往，但是她觉得自己并不是很受欢迎，人们似乎总是刻意地和她保持一定的距离。这让凯莉略感困惑，于是向同事请教原因。同事告诉她，她的穿衣风格让当地人觉得她是一个高高在上的人。

了解到这一情况之后，凯莉开始改变自己的穿衣风格。她开始像当地人一样穿一些宽松休闲的衣服，并主动与人聊一些当地发生的事情。虽然刚开始她并不太自在，但是很快她就发现，她和新邻居、新同事的相处比之前容易了很多。

凯莉从生活了几十年的大城市来到小城市，却依然按照之前的穿着习惯选择衣服，这使得她和当地人之间有了明显的隔阂。即便她没有表现出高人一等的姿态，但是她的穿着已经替她表明了这样的态度。在凯莉主动去适应当地的环境，重塑穿衣风格之后，人们在和她相处时有了更多的自在感，因此与她相处起来感觉更加舒服，她也更轻松地得到了人们的认可。

适合周围环境的衣服会给人舒适和安定的感觉，让对方卸下心理防备。在这种心理状态下，沟通的效果显然更好一些。所以说，在交往的过程中，一定要遵循着装原则，这样可以有效减轻对方的心理压力，为塑造良好的第一印象奠定基础。

自 我 检 查

◎ 参加活动时，我会考虑根据场合选择适当的衣服吗？
◎ 我的着装能够得到大家的认可和欣赏吗？

> ◉ 每个人都有自己喜欢的穿衣风格，无论是运动休闲还是西装革履，都代表着这个人的个性。只要表现出最真实的自己，往往就能给人留下深刻的印象。

穿衣风格，透露你的个性

在我们身边，有很多十分努力且能力强的人。若论起工作，他们往往业绩出众，令人心生羡慕；若说起人际关系，他们却常常处于失败的窘境之中，让人觉得百思不得其解。

实际上，出现这种情况的原因非常简单——他们不懂得"包装"自己。在这些人看来，个人能力是更为重要的东西，殊不知，在初次与人见面时，别人是无法了解他们的能力和成就的。第一次见面，人们第一眼看到的是他们的"包装"，也就是穿着。

每一种穿衣风格都代表着不同的个性，它能在转瞬之间把你的信息传递给站在你对面的人——无论你是严肃认真还是幽默风趣，是墨守成规还是与时俱进。所以说，在选择衣服的时候，一定要确认你的穿衣风格能够传达出准确的信息。

希拉里曾在2008年美国总统选举中首度参与美国民主党总统初选。

在参选过程中，塑造个人形象是一项非常重要的工作，它将影响参选者在选民心目中的印象，会对最终的选举结果产生十分重要的影响。

对于希拉里的着装风格，著名时尚品牌范思哲的设计师给出了这样的建议："可以多穿裙子，因为裙子能够展现你作为女人柔媚的一面。裙子应该可以正好盖住膝盖，上身选择短上衣或者搭配一件外套，这会对选举有所帮助。你应该适当展现自己的女人之美，而不是一味地想着尽力展现自己的政治才能。"

作为政治人物，希拉里的政治才能必然是选民十分看重的。但是从性别的角度来说，女性的柔媚和亲和力显然更能让她展现自己与众不同的一面。在服装的选择上，设计师给出了符合女性定位的建议，让希拉里能够更好地展现自己的个性。可以说，正是这种穿衣风格，让希拉里迅速拉近了与选民之间的距离，使得希拉里在选民心中留下了较好的印象。

随着时代的发展，衣服的款式、面料等呈现多元化的发展，现代社会的人们，在服装方面已经有了十分多样的选择：运动装、休闲装、中山装、礼服、旗袍以及嘻哈风格的服装等。正是因为选择的逐渐增多，人们也越来越能通过服装来表达自己的个性，甚至创造属于自己的潮流。

通过观察不难发现，很多人对服装的风格都有一定的偏好。人们在选择服装的时候，总会选那些自己喜欢的且符合自己审美观念的。也就是说，服装的风格就是一个人性格的展现。

性格的多样性决定了穿衣风格的多样性。但是，一些人过于追求个性，以至于对衣着的定义出现了偏差。如果单纯地认为个性就是毫无顾忌地展现自己，选择自己喜欢的就是最好的，而不去考虑别人的审美观和接受程度，那么不仅无法给别人留下好印象，还可能在社交场合中吃大亏。

所以说，我们要学会规避着装的误区，不要因所谓的"风格"而让别人感觉不适。

1. 个性不等于品位

在现代社会，人们采用多种方式来表达自己的个性，而服装就是其中之一。有些人觉得越是独特的穿着，越能展现自己的个性，越能体现自己与众不同的品位。实际上，个性和品位并不能画等号，只有那些符合自己个性且能被人接受的风格，才会受人欢迎。

2. 贵的不一定就是好的

"一分钱一分货"这句话有一定的道理，但是这并不意味着越贵就越好，尤其是在衣着方面，穿什么风格的衣服，应该根据自身情况去决定。"只买贵的，不买对的"这种思想，更是大错特错。

透过一个人的穿衣风格，可以了解他的个性。具有自己穿衣风格的人，往往通过这种方式来传递自信。这种自信，能够有效增加个人魅力，在初次见面时会让对方产生眼前一亮的感觉。

当然,穿衣风格的塑造需要一个过程,过程的长短则因人而异。但是有一点毋庸置疑,那就是无论塑造的过程需要多长时间,对于我们而言都是十分值得的。

自 我 检 查

◎ 买衣服的时候,我是不是对奇装异服情有独钟?

◎ 我的穿衣风格是否受人欢迎,能否在朋友圈里形成一股风潮?

> ◉ 每个人的内心深处都对尊重有着深深的渴求，通过穿职业装的方式来表达尊重的态度，往往能给对方留下较好的印象。

穿上职业装，满足对方被尊重的需求

在马斯洛需求层次理论中，人类有五种最基本的需求，其层次从低到高依次是生理需求、安全需求、社交需求、尊重需求和自我实现需求。在人生的不同阶段和不同环境中，这五种需求会以单独或同时出现的形式影响我们的生活。

现代社会，生理需求和安全需求基本上都能得到满足，社交需求也因为科技的进步而呈现多元化的趋势。在这种情况下，更高一级的尊重需求正受到越来越多人的重视。尊重需求除了包括个人对于成就或自我价值的体验外，还包括他人对自己的认可和尊重。一旦尊重需求被满足，人们就会对自己充满信心，对社会充满热情，充分感受到自己所具有的价值。

关于尊重需求，还有一个十分鲜明的特点，那就是社会地位越高的人，对尊重的需求往往越强烈。原因很简单：社会地位越高的人，受到的关注越多，诸多关注经过重重叠加之后，总体的尊重需求就会呈现巨大的增幅。

在社交场合中，尊重需求是人们十分重视的一点。通过恰当的方式适时、真诚地表达尊重，会让对方感受到我们的热情。而表达尊重的方式多种多样，在职场上，穿职业装是一种非常有效的做法。通过职业装表达尊重的态度，不仅能让对方接受、喜欢我们，还能让我们树立良好的形象。

通常来说，公司对员工的着装都会有所要求，有统一服装的公司，往往会要求自己的员工穿职业装上班。这是因为穿职业装不仅能表现出对同事、客户的尊重，还能让员工产生自豪感和责任感，进而激发员工的工作热情和积极性。

不妨想象一下，在你的办公室里，几乎所有人都穿着职业装，唯有一个人总是想穿什么风格的衣服就穿什么风格的衣服，对于这个人，你会有什么样的看法呢？答案十分明显，这个人应该不会受到欢迎，他的格格不入让人反感，不尊重别人，自然无法赢得别人的尊重。

一般而言，穿职业装的基本要求有以下几点：

（1）整齐。服装必须合身，袖子的长度要到手腕，裤子的长度要到脚面，裙子的长度要到膝盖以下，衬衫的领围以能够插入一根手指为宜，裤裙的腰围以能够插入五根手指为宜；不挽袖子，不卷裤管，扣子扣整齐，领带、领结等与衬衫领口贴合紧密且保持周正，工牌或标志牌等要佩戴在左胸正上方。

（2）清洁。服装清洁是一个基本要求，要做到服装没有污渍、异味，尤其是领口和袖口要时刻保持干净，这样才能给人清爽的印象。

（3）挺括。服装不能有褶皱，穿之前要熨烫平整，穿完脱下之后要用衣架挂好，做到上衣平整，裤线笔挺。

（4）大方。款式简洁、雅致，线条自然流畅，有利于工作的展开。

在职场中，尊重别人的人往往更易得到别人的尊重，这和人们对尊重的需求有着密切的联系。当你穿着整齐、清洁、挺括、大方的职业装出现在别人面前时，你所传递的信息就是尊重对方。所以，作为职场人，穿职业装十分重要且必要。一旦对方因职业装而感受到满满的尊重，那么你便可以给对方留下良好的第一印象。

> **自 我 检 查**
>
> ◎ 在周末拜访客户时，我喜欢穿休闲一些的服装吗？
>
> ◎ 对于职业装，我并不是非常喜欢，是因为觉得它太刻板了吗？

> ◉ 与陌生人交往的时候，发型很有可能成为我们身上的一个闪光点。通过不同的发型，我们可以展现不同的个人形象，进而给对方留下与众不同的第一印象。

发型是个人形象的"代言人"

头部位于人体的正上方，最容易吸引人们的视线并引起关注。与别人近距离接触的时候，人们首先关注到的就是头部。

毫不夸张地说，头部是我们展现自己、传递信息的重要载体，头部的任何一个部分都可能成为第一印象产生的源头。这其中，发型自然是不可忽视的重要组成部分。

发型可以直观地反映出一个人的精神状态和性格特征，不同类型的发型能够带来截然不同的视觉效果。有的发型可以彰显人的青春活力，有的发型可以突出人的稳重老成，有的发型可以让脸型显小，有的发型能展现人的端庄淑雅……不管是哪一种发型，都有相对适合的人群。我们在选择发型的时候，不仅要考虑性别、年龄、职业等方面的因素，还要注意发型应该与个人气质相符才行。只有对各种因素进行综合考量，才能最大限度地展现自己的美好形象。

中央电视台有一个名叫出镜委员会的专门机构，其成员都是中央电视台的资深主持人。在主持人上镜之前，出镜委员会的成员会对他们进行一些培训，并监督和检查主持人的形象。

著名主持人赵忠祥曾是出镜委员会的成员之一，他曾说："出镜委员会的主要工作是监督主持人的形象，主持人的发型自然也是监督的内容之一。"赵忠祥解释说，主持人的形象绝对不能出格，而且要保持一定的延续性，在长时间的主持工作中，许多人的发型已经成为其个人形象的重要组成部分，甚至已经变成他们个人及节目的某种标志。虽然人的长相难以改变，但是呈现在观众面前的形象是可以塑造的，一旦主持人在观众心目中形成某种固定印象，就不能再随意改变，那么随意地改变发型自然是不行的。

刘纯燕是大家非常熟悉的儿童节目主持人，从在中央电视台《大风车》节目担任主持人开始，她就以"金龟子"的形象示人，并逐渐赢得了孩子们的喜爱。在这个过程中，她的"锅盖头"逐渐成为个人的形象标志之一。为了保持始终如一的形象，她的这个发型一留就是二十几年。

"金龟子"这个形象深入人心，刘纯燕的"锅盖头"也成为其重要的形象标志之一。人们每每提及"金龟子"，脑海中总会闪现刘纯燕的"锅盖头"。试想一下，如果有一天刘纯燕突然换了一种发型，那人们还会觉得她是那个熟悉的"金龟子"吗？

在不同的场合中,人们往往需要以不同的形象示人,在塑造形象的时候,发型是非常重要的组成部分之一。即便同样是主持人,因为所主持的节目风格不同,在发型的选择上也会有所差异。比如,新闻节目的主持人应该表现出庄重、沉稳的一面,所以发型应该整齐、利索;娱乐节目的主持人应该表现出活泼、灵动的一面,所以发型应该新潮、靓丽。

就个人形象而言,发型是十分重要的因素之一,我们必须对它予以足够多的重视。通常来说,发型并没有好坏之分,只要它能够与我们的脸型、肤色、体型等相匹配,与我们的工作、身份、气质等相吻合,就能展现出我们的个人魅力。尽管有很多与发型有关的因素我们是无法改变的,但是根据不同的情况去选择发型,也能充分地展现我们的思想和特点。

自 我 检 查

◎ 无论参与什么活动,我是不是总以同一种发型示人?

◎ 对于发型,我是否并没有特别在意,觉得只要自己舒服就行了?

> ☻ 饰物是造型装扮的重要组成部分，通过不同的饰物，可以展现一个人不同的心理状态，给别人带来不同的感受，进而形成相应的印象。

合适的饰物，展现独特魅力

看到一个人的时候，我们常常会根据他的外表对他做出初步的判断。那么，我们的关注点都会放在哪些方面呢？他所穿的衣服、所佩戴的饰物等都会成为关注的一部分。实际上，任何一个微小的细节，都可能成为我们做出判断的依据。

古语云："清水出芙蓉，天然去雕饰。"自然之美固然让人觉得陶醉，但是，佩戴饰物也是增加个人魅力的极好选择。在我们身边，总有一些对时尚有着特殊感情的人，他们对随身的小配件有着独特的喜好和较高的要求。而且，他们往往能借助一些小小的饰物，让自己的气质、形象等产生巨大的变化。

通过佩戴合适的饰物，可以更好地展现自己独特的风采，给人留下更好的印象。那么，我们应该如何选择饰物，才能更好地展现自己的性格呢？

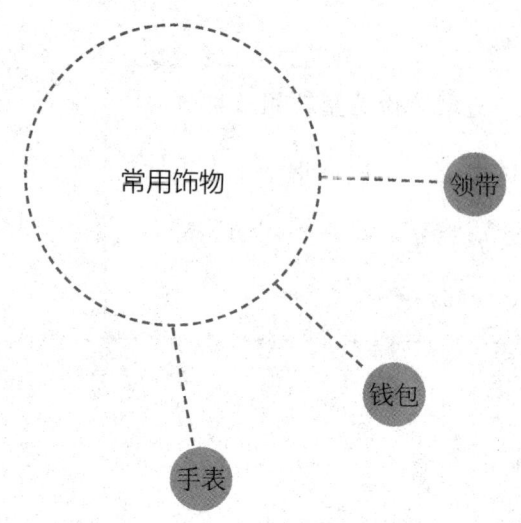

1. 领带

领带最早起源于17世纪后期，直至今日依旧是男士造型装扮中的重要组成部分。男性给人留下的第一印象，85%取决于胸前的"又"字区。在选择领带的时候，一定要注意图案、色彩要与出席的场合相符合。另外，年龄、职业、职位、性格等因素也应该加以考虑。

西装、领带、衬衣的色调应该搭配和谐，且领带的主色调要与衬衫的有所区别。如果领带和西装属于同一色系，那么领带的颜色要比西装的更亮眼一些。穿礼服的时候，领带的颜色应尽量庄重一些，如果没有特殊情况，最好不要选择鲜红色的领带。

2. 钱包

尽管如今手机支付已经十分普遍，但是钱包并没有因此而被淘汰。而且，恰恰因为钱包的"出镜"次数有所减少，它的装饰作用才越发凸显出来。

当我们掏出钱包的时候，通常会下意识地想到自己的钱包是不是足够体面，会不会让别人因为钱包而对我们产生不好的印象。毕竟，钱包的皮质、款式等能够直接反映一个人的品位、诉求，甚至是经济条件。皮质坚挺而柔软的钱包，比较适合那些对生活品质有要求的人。比如名牌的经典款式，其简洁雅致的设计完全可以体现我们的生活态度。

3. 手表

不少时尚人士对手表有着狂热的追求，对手表的要求也极高。有些人不仅对手表的款式、特点等了如指掌，而且购买的手表也不止一块。

一般来说，手表可以分为时装手表和运动手表两大类。在穿着不同风格的衣服时，应该搭配相应风格的手表。也就是说，穿着高档服装时，应该佩戴高档手表；穿着休闲服装时，则应该佩戴运动手表。不然的话，会给人不伦不类的感觉。

总而言之，不同的饰物会给人带来不同的心情。好的饰物能够给人带来好的心情，而好的心情又会提升个人的气质。内在美会在无形中增加一个人的魅力指数。无论是谁，想给别人留下良好的第一印象，都应从饰物方面多做考量，在细节上逐步完善自己。

自 我 检 查

◎ 在社交场合中，我对自己的饰物是不是并不在意？

◎ 对于陌生人的饰物，我会不会多一分关注？

> ● 不同的色彩代表着不同的心理，色彩往往能够反映一个人的思想、状态等。所以，在社交场合中穿何种颜色的衣服，是需要我们认真考虑的。

衣服颜色折射心理状态

俗话说："佛靠金装，人靠衣装。"这句话充分说明了衣服对于一个人的重要性。虽然人们常说"人不可貌相"，但是就第一印象而言，很多人往往不可避免地会通过一个人的衣着来判断他的身份、地位、学识、品位等。

服装是否合适，不仅与款式、质地、场合等因素有关，与颜色也有十分密切的关系。了解衣服颜色和心理状态之间的关系，将有助于我们树立良好的形象，为进一步的沟通打下坚实的基础。下面，就简单介绍几种常见的衣服颜色，看一看它们背后隐藏着怎样的信息。

1. 黑色

带有自保意识的颜色，可以有效帮助我们免受外界影响，并对对方产生很大的影响。如果想要命令或是说服对方，穿黑色衣服将是一个极好的选择。

2. 白色

代表着纯洁，象征着坦诚、真挚，穿着白色衣服会让人觉得我们是很愿意配合的人，给人一种亲切感。但是，白色也会让人不敢轻易接近。

3. 红色

往往给人一种活力十足、朝气蓬勃的感觉，会给人留下十分深刻的印象。如果想让对方牢牢地记住自己，穿红色的衣服将有比较好的效果。

4. 绿色

代表着和谐、融洽，会让人觉得比较舒服。如果想和对方进行更深层次的交流，可以考虑穿绿色的衣服。

5. 蓝色

深蓝色意味着真诚实在、理性十足，给人一种可以信任的感觉；浅蓝色代表着明快、自由，能够体现我们的创造性。

6. 粉色

代表着需要保护，能够有效激起对方的保护欲望。如果女士想要展现自己小鸟依人的一面，穿粉色的衣服是比较适合的。

7. 黄色

传达的是追求快乐和探索新鲜事物的信息，给人一种积极向上的感觉。如果对方是一个喜欢新鲜事物的人，那么穿黄色衣服将有助于沟通的顺利展开。

8. 紫色

意味着独立自主，给人一种很有主见的感觉。如果想要赢得对方的关注，或是展现自己的与众不同，那么紫色衣服是很好的选择。

9. 橙色

代表着快乐，给人一种容易沟通的感觉。如果想要用快乐感染对方，进而增进彼此之间的感情，穿橙色的衣服将会有所帮助。

10. 灰色

代表着低调、深沉。如果不喜欢抛头露面，只想做衬托红花的绿叶，那么选择灰色的衣服是非常适当的。

每一种颜色都代表着不同的心理语言，也能反映一个人的品位和性格。想要树立良好的形象，我们完全可以根据不同的情况选择适当颜色的衣服。如果对方同样是一个懂得根据颜色来判断心理状态的人，那么我们正好可以通过颜色的变化来产生积极的影响，让对方顺着我们的暗示往前走，最终达到顺畅沟通的目的。

自 我 检 查

◎ 无论和谁见面，我是不是总是喜欢穿什么颜色的衣服就穿什么颜色的衣服？

◎ 与陌生人见面，我会不会根据对方衣服的颜色采取不同的沟通方式？

> ◉ 在交往的过程中，不同的服饰会对第一印象产生截然不同的影响。想要给别人留下好印象，就必须在服饰方面投入更多的精力，狠下一番功夫。

"装饰"出不一样的第一印象

服饰对第一印象的影响，很多人都深有体会。有时候，我们说一个人具有魅力，甚至具有极大的吸引力，并不是因为这个人长得有多漂亮或者多帅气，而是因为他的高雅举止和得体服饰。

关于这一点，相信很多人都有过切身感受：当我们观察一个人的时候，相当大的一部分注意力都会集中在他的服饰上。如果交往双方的服饰风格相差太大，往往会对沟通产生消极的影响，甚至可能由此产生巨大的障碍。试想一下：你和某人初次见面，对方身着十分正式的西装，而你穿着非常休闲的运动服，你会不会觉得跟对方没有什么共同话题？相信很多人都会觉得，服装风格的巨大差异给自己的心理造成了一定的影响。

有时候，很多人并不会考虑服饰对第一印象的影响，也没有注意到服饰与沟通之间的重要联系。而恰恰是这种忽视，使得人际关系变得越来越差。

实际上,在各种场合中,我们都需要"装饰"出不一样的第一印象。在选择服饰的时候,不仅要适合场合,还要展现出自己的风格,这样才能最大限度地展现自己,并对沟通产生积极的促进作用。

从某种程度上说,服饰也在默默地"说话",起到传递信息、交流感情的作用。可以说,服饰在沟通中起到了非常重要的作用。那么,服饰究竟在交际中发挥着什么作用呢?

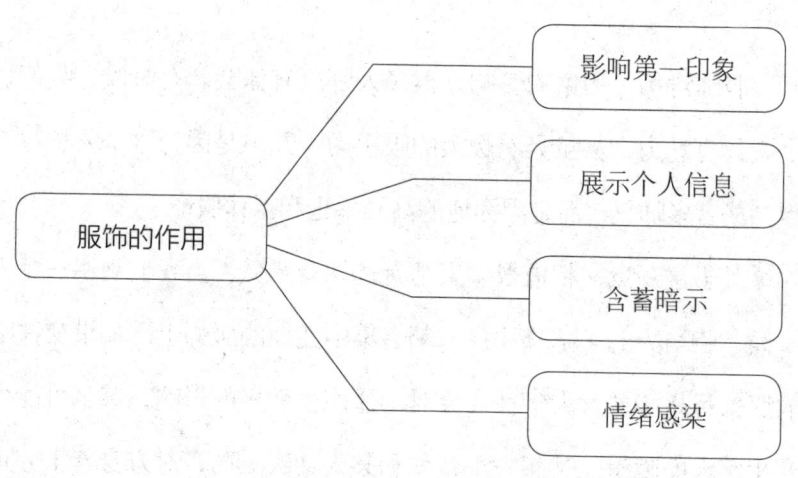

1. 影响第一印象

初次见到一个陌生人,影响第一印象的主要因素是外貌,而服饰则是外貌的重要组成部分。一般来说,在观察交往对象时,有80%~90%的注意力都会集中在对方的服饰上。可以说,服饰是否得体直接决定着第一印象的好坏。事实证明，服饰得体会给人留下良好的印象，而服饰凌乱则容易被人疏远。

2. 展示个人信息

服饰的另外一个作用，就是展示个人信息。我们可以通过对方的服饰来判断他的各种情况，如社会地位、经济状况、职业、年龄等。更为重要的是，服饰在展示信息的时候是非常明显、直接的。

3. 含蓄暗示

与人交流的时候，语言是最主要的工具，但是当语言表达受到限制的时候，我们可以借助服饰来表达心意。尽管服饰不能像口头语言一样直接表达观点，但是它可以含蓄、间接地向别人传递信息，并由此对别人的心理和行为产生相应的影响。我们可以利用服饰暗示别人，使对方依据当时的情况产生正确的理解。

4. 情绪感染

服饰不仅能传递信息，还能作为一种刺激信号，借以传递情绪。对于交往双方的情绪而言，服饰有很大的影响。如果服饰轻便、潇洒，情绪也会兴奋、高涨；如果服饰破旧、邋遢，情绪也会消沉、低落。当我们穿着十分漂亮的服饰出门时，心情会非常愉快，这种愉快的情绪会传染给对方，使对方对我们心生好感；当我们的服饰不够得体时，心里会感到羞愧，这种情绪传染给对方之后，会让对方觉得我们是消极的人，因此与我们保持距离。

由此不难看出，服饰对社交活动有着较大的影响。我们可以通过不同的服饰，看透别人的内心世界。同样，我们也可以通过恰当得体的服饰，让自己变得更受欢迎，让我们与别人的沟通变得更加愉快。

自 我 检 查

◎ 对于不同服饰的作用，我是不是非常了解？

◎ 服饰能够影响别人的情绪，这一点我是否从来都没有注意过？

第三章
身体语言：肢体动作中隐藏着的微妙心理

作为一种无声的语言，肢体动作中隐藏着丰富的信息，我们的一举一动、一颦一笑都在无形中传递着信息。也许平时我们关注不多，但是细心观察的话，就会很容易发现，其实每一个细微动作都隐藏着不同的心理。从这个角度来说，掌控自己的肢体动作无疑有助于我们向别人展现更好的自己。

> 👁 通过眼睛，我们不仅能向别人展示自己的内心世界，还能观察别人的内心世界。不夸张地说，眼神的无声交流有时甚至比语言交流的效果更好一些。

电波效应：眼睛比耳朵更善于"倾听"

美国作家爱默生曾说："当眼睛说的这样，舌头说的那样时，有经验的人更相信前者。"这句话说明，一个人的眼睛可以更真实地反映其的内心世界，目光比语言更加可靠、更加可信。所谓电波效应，指的就是人们通常可以借助某人眼神的变化去洞察其真实意图。

相关研究结果表明，人的大脑接收到的所有信息中，其中87%来自眼睛，9%来自耳朵，4%来自其他器官。由此可以看出，在接收信息的时候，眼睛具有非常重要的作用，也就是说，目光语言是身体语言的重要组成部分。在诸多的非语言交流方式中，目光交流是最直接、最有效的方式。

在与人交流的过程中，良好的目光交流不仅可以吸引对方的注意力，还能传递信息，而不良的目光交流，则会给对方留下形象不佳的印象。

美国有一档非常著名的访谈节目,名叫《奥普拉脱口秀》。这档节目的主持人是奥普拉·温弗瑞,她是一个非常善于利用目光进行交流的人。

从开播到停播,《奥普拉脱口秀》经历了二十多年的风风雨雨。在这段时间里,每一期节目都能吸引为数众多的观众,并在观众中引起极大的反响。

停播前的最后一期节目中,奥普拉双目含情地走到现场观众面前,依依不舍地和他们道别。她眼中满含泪水,目光中充满了悲伤,让现场的每一个人都感同身受,为即将到来的分别而悲伤。奥普拉的视线缓慢扫过在现场的观众,逐一和他们深情对视,好像是希望把所有人都记在自己的脑子里。对视结束之后,她边扫视全场边衷心地向大家表示感谢,希望大家以后可以继续关注和支持自己。到了情绪难以自已的时候,她把目光投向了那些非常熟悉的老观众,向他们表达深深的谢意和殷切的祝福。

最终,节目在十分悲伤的氛围中结束,奥普拉用让人深受感动而又印象深刻的目光表达了自己内心的情感。那一刻,无论是现场观众还是电视机前的观众,都被她的表现深深震撼。

奥普拉是一位十分著名的主持人,深受观众的喜爱,她取得的成就,令同行赞叹。毫不夸张地说,在她的主持过程中,目光发挥了重要的作用。通过眼睛，她不仅传递了自己想要传递的信息，也接收了观众们传递出来的信息。这种眼神的无声交流，其实比语言交流更加直接和深入。

印度著名诗人泰戈尔说过："一旦学会了眼睛的语言，表情的变化将是无穷无尽的。"由此不难看出，眼睛所能表达的信息，远远超出了人们的想象。恰当的目光交流，可以传达我们内心深处的真诚，让别人由此了解我们、理解我们，也有助于我们了解别人的想法，体会他们的感受，进而掌控沟通的进程。

从某种意义上说，想要给人留下良好的印象，就要学会运用自己的目光，通过丰富多样的目光语言和别人进行顺畅的沟通。当然，运用目光交流的前提是真诚以待，要让别人感受到我们的真情实意。如若不然，即便拥有再多的目光交流技巧，都不过是空有一副皮囊，根本无法触及对方的心灵深处。

自 我 检 查

◎和别人说话的时候，我是不是始终低着头，不敢看对方的眼睛？

◎遇到陌生人，我的目光是不是总是游移不定？

> ◉ 一张面带微笑的脸，总能给人带来更多的亲切感。想要给人留下良好的第一印象，亲切自然比冷漠、刻板强得多。

微笑法则：笑脸相迎的人更具亲和力

拿破仑·希尔说过："真诚的微笑就像神奇的按钮一样，能立刻接通他人友善的情感，因为它的意思是'我喜欢你，我希望和你做朋友'。"也许有些人觉得这种说法过于夸张，但就实际效果而言，微笑确实具有与众不同的神奇魔力。

从心理学的角度来说，微笑有助于迅速拉近彼此之间的距离，从而快速赢得对方的好感，给对方留下亲切的印象。归结起来，它就是我们常说的微笑法则。

微笑是一种世界通用的身体语言，无论你身处何地，即便语言不通，难以进行语言上的沟通，但是只要你能展现自己的微笑，那么对方就能马上感受到你的善意，进而愿意敞开心扉，和你进行进一步的沟通。

不信的话，可以试想这样的情景：你的面前站着两个人，一个人面带微笑、和蔼可亲地和你说话，另一个人则面沉似水、冷若冰霜地和你说话，你会更愿意和哪一个人沟通呢？答案应该是十分明显的，大多数人都会选择前者。其中的道理也很简单，一个始终面带微笑的人会给人一种亲切感，即便他所说的话没有什么深奥的道理，他给人的愉悦感也已经让人心生好感了。

在一次战斗中，一名飞行员奉命执行一项重要任务，不幸的是，他被敌人俘虏，最终被关进了监狱。

监狱的看守面相凶恶，看起来非常恐怖。飞行员感觉十分惶恐，因为他认为自己第二天就会惨遭杀害。为了缓解紧张的情绪，他想抽支烟。他把全身上下摸了个遍，可惜只找到了香烟却没有火柴。

再三犹豫之后，飞行员壮着胆子向看守借火。看守面无表情地看了他一眼，顺手把火柴递了过来。飞行员完全没有想到事情会如此顺利，心生快乐的他不经意间露出了微笑。更让人难以置信的是，看守竟也跟着笑了起来。

两个人以微笑为开端，开始了融洽的交流。谈话涉及的范围十分广，内容非常丰富。他们越聊越开心，越聊越投机。聊到最后，看守竟然打开牢门，带着飞行员来到监狱外面，并让他立刻离开，之后便独自回了监狱。就这样，飞行员重获了自由。

飞行员的这段经历向我们展示了微笑的巨大魔力，仅仅凭借一个不经意的微笑，就拯救了自己的生命，这样的结局任谁都难以想象。

美国前总统威尔逊说过："假如你握着拳头来见我，我可以保证，我的拳头会握得比你的更紧；假如你面带诚挚的微笑来见我，对我说'让我们好好谈一谈，看看彼此为什么意见相左'，那我就会保持良好的心态与你进行交谈。"毋庸置疑，威尔逊的这种说法代表了绝大多数人的观点。每个人都喜欢和颜悦色的人，对这种人也会给出较高的评价。所以对于我们来说，微笑是沟通中十分有效的武器，它不仅代表着礼节，还能体现一个人的素养。

微笑能够真实地反映一个人的内心世界，面带微笑地和对方进行沟通，对方也会以微笑作为回应。真诚的微笑，能够表现出极佳的亲和力，并与对方进行初步的感情交流，这不仅有助于营造融洽的沟通氛围，还会让对方满心欢喜地敞开自己的心扉。

自 我 检 查

◎ 面对初次见面的陌生人，我总会笑脸相迎吗？

◎ 对自己不喜欢的人，我能做到尽量保持微笑吗？

> ● 嘴巴不但能用于说话，而且它所呈现的姿态或动作还能反映一个人的心理。那些嘴角经常上扬的人，通常具有宽广的心胸。

嘴角上扬的人大多心胸宽广

在身体的各个组成部分中，嘴巴是非常重要的一个。它的主要功能是吃饭和说话，这一点毋庸置疑。但是除了主要功能之外，嘴巴其实还有各种各样的小动作，它们往往可以反映不同的心理状态和情绪。比如，不经意间的噘嘴动作常常代表着生气或不满，故意做出的噘嘴动作则可能是为了表现可爱的姿态，嘴巴抿成一条缝的人通常具有坚定的意志，嘴角上扬的人往往具有宽广的心胸……

总而言之，虽然嘴巴不大，但是其"表情"相当丰富。当你看到喜欢嘴角上扬的人时，一定要抓住机会与他进行更深层次的交流，因为这样的人会心胸开阔地面对所有的事情。即便你们之间发生过误会或产生过矛盾，在关键时刻，他依然会不计前嫌，竭尽全力地为你提供帮助。

一天，孙鑫的母亲突患重病，他将母亲送到医院进行救治。可是，医院的病人实在太多，普通床位根本不够用。因此，孙鑫的母亲被暂时安置在医院走廊的临时床位上。

看着被病痛折磨得万分痛苦的母亲，孙鑫心急如焚。他不时地询问医生什么时候才有病床，但是得到的回答总是"暂时没有"。孙鑫焦急地在母亲床边走来走去，一不留神撞到了一位医生。孙鑫急忙向医生道歉，对方嘴角扬起，轻声地说了句"没关系"，便走了。

虽然没有看清医生的长相，但是他那扬起的嘴角一下打开了孙鑫的记忆之门——孙鑫突然想到了自己的高中同学李明磊。孙鑫清晰地记得，李明磊说话的时候就喜欢这样扬起嘴角，并因此颇受同学们的欢迎。

有一次，孙鑫和李明磊发生了一点小摩擦，李明磊在说完自己的想法之后，又习惯性地扬起了嘴角，孙鑫觉得李明磊这是在藐视自己，于是和他打了一架。从那以后，两个人几乎不再说话。高中毕业之后，两个人各奔东西，至今已经过去十多年的时间。其间，孙鑫听同学聊起过李明磊，据说他考进了医科大学，毕业之后发展得还算不错。

孙鑫正沉浸在回忆里，突然被一阵喧闹声拉回了现实。他抬头一看，发现一位医生正俯身查看母亲的病情。

"不认识我了，老同学？"那位医生抬起头来，扬起嘴角对孙鑫说。

"你……你是李明磊？"孙鑫有些难以置信。

"是我啊！我还怕你早就把我忘了呢。"李明磊略带调侃地说。

"这……这……这事就别提了，太不好意思了。"孙鑫有些无地自容。

"开玩笑呢，别当真啊！阿姨的病情有些严重，得赶紧住进特护病房。"李明磊又说。

"但是我的钱没带够！"孙鑫有些尴尬地说。

"钱的事就别操心了，我先帮你垫上！"李明磊爽快地说。

当李明磊再一次展现他那标志性的"嘴角上扬"时，孙鑫再也抑制不住自己的泪水了。此刻他才知道，李明磊从来没有藐视过自己，也没把之前的摩擦放在心上。

十多年前的摩擦让孙鑫和李明磊产生了隔阂，两个人就此失去了联系。再次相遇的时候，尴尬在所难免，但是李明磊的宽容表态和善意玩笑让所有的隔阂都烟消云散。李明磊的性格特点决定了这样的结局，孙鑫对李明磊的印象也因这次偶然的相遇而变得有所不同。

经过长期的观察和研究，微行为专家发现，喜欢嘴角上扬的人一般都非常聪明、开朗。这类人很喜欢结交朋友，且善于包容别人，并不会将鸡毛蒜皮的事记在心上。他们的人际关系通常很好，在遇到困难的时候往往能够得到别人的支持和帮助。因此，为了给人留下较好的印象，时常扬起嘴角，是一个十分有效的推销自己的手段。

自 我 检 查

◎ 面对一个初次见面的人，我是不是难以露出笑容？

◎ 遇到尴尬的事情时，我会不会紧闭嘴巴，什么话都不想说？

> ● 握手是一种非常普遍的社交动作,也许因为过于司空见惯,所以有些人对它并不重视。殊不知,将握手当作例行公事的人,往往无法给人留下好印象。

莫把握手当作例行公事

在人际交往中,握手是一种十分普遍的礼仪,也是展现个人力量的一种方式。想要给人留下美好的第一印象,了解握手的"语言"是十分重要的。

按照字面意思,握手是手和手的结合,但是这种肢体的动作能够发展为心与心之间的沟通,也就是说人们能够从握手这个动作中感受到强烈的连带关系。相关的研究表明,握手能够反映一个人的诸多信息。通过握手的方式,能判断出一个人的性格特征。

握手的方式主要有以下几种:

1. 用很大的力气

这类人握手时很用力,甚至让对方感到疼痛,他们往往喜欢逞强且相对自负;但这类人比较真诚,性格直率且坚强。

2. 不太积极

这类人握手时显得有些被动，手臂呈弯曲状态且朝自己靠近，他们往往行事小心、因循守旧。

3. 轻轻接触一下

这类人握手时轻轻一触，握得不紧且力量不足，他们往往比较内向，容易被悲观情绪困扰。

4. 略有迟疑

这类人握手时显得有些迟疑，通常是在对方伸出手之后，自己犹豫片刻才将手伸出去，他们大多性格内向，缺乏判断力，且犹豫不决。

5. 敷衍了事

这类人握手时就像例行公事一般，并没把握手视作表达友好的方式，他们通常做事草率，没有足够的诚意。

6. 握得很紧但迅速放开

这类人往往善于处理人际关系，似乎与所有人都能友好相处；但是，这有可能只是一种假象，他们实际上十分多疑，不愿轻易相信任何人。

7. 十分紧张

这类人看上去镇定自若，但实际上他们内心十分挣扎，只是用语言、动作等各种方式来掩饰自己而已。

8. 气力不足

这类人通常意志力不够坚定，在大多数情况下，他们有点软弱，缺乏干劲和魄力。

9. 用双手握住别人

这类人通常会显得十分热情，有时甚至热情过度，让人觉得难以接受；他们不习惯受到束缚，喜欢按照自己的意愿生活，且不太拘于小节。

10. 有规律地上下摆动

这类人通常精力充沛，能够同时应付几件不同的事情；他们亲切、随和，做事又很有魄力，往往言出必行。

11. 像老虎钳一样紧握别人的手

这类人在大多数情况下表现得十分冷漠，有时甚至显得残酷；他们希望能够征服和领导别人，但是又不会直接表露自己的这种想法。

握手的方式不同，展现的内心世界也不同。握手虽然只是一个小小的动作，但是对第一印象的形成有着十分重要的作用。想要在社交场合中吸引众人的目光，赢得别人的认可，握手是不可忽视的一种表达方式。

自 我 检 查

◎ 与别人握手的时候，我常常采取什么样的方式？

◎ 陌生人很用力地与我握手时，我会做出怎样的回应？

> ● 很多老年人都喜欢把手背在身后走路,这是一种十分常见的动作,其背后隐藏的信息是轻松、自信,会让别人产生信服感。

手背在身后,表露自信心态

在这个世界上,总有许多深藏不露的人,即便他们是亿万富翁,也依然选择低调做人。比如,大家熟知的马云就喜欢朴素的着装,再搭配一双千层底布鞋。如果仅仅通过外表或服饰来判断这些人的身份、地位,可能常常会做出错误的判断。

让人遗憾的是,很多人往往重视外貌,而轻视身体语言。殊不知,越是高深的人,越不愿表露在外。只有通过他们的身体语言,才能发现一些端倪。

李响是一家公司的销售主管。前段时间,部门的销售经理辞职了。李响暗自揣度:"经理辞职离开,副经理就会升职成为经理,那我就有机会晋升副经理了。"可是,出乎他意料的是,几天之后公司就新来了一位经理。

这位新上任的经理相貌普通,威慑感不足,走路的时候弯腰驼背,上班时还喜欢背着手踱来踱去,给人的感觉很不舒服。李响本来就因失去晋升机会而对新经理心怀不满,看到他的这些举动就更加反感了。所以,他刻意与新经理保持距离,工作的时候也是敷衍了事。他十分笃定地认为,这位新经理做不出什么业绩,很快就会被公司辞退。

然而,李响的同事赵亮对新经理则十分支持,只要是新经理交代的工作,他都会保质保量地完成。对于赵亮的做法,李响很不赞同,甚至奚落赵亮:"也就你把经理当回事,听到他的命令跟接到圣旨一样。你也不看看他那个样子,早晚会被扫地出门的。"赵亮只是笑笑,却什么也没说。

不知不觉间,三个月的时间过去了。有一天,总经理忽然做出任命:赵亮担任部门销售经理一职。在场的人都感到非常诧异,大家你看看我,我看看你,不知道公司高层为何会做出这样的决定。

后来大家才知道,新经理其实是公司的董事长,他暂代经理一职,就是想挖掘有潜力的员工。

赵亮升任销售经理之后,李响问过赵亮:"你不会从一开始就知道他是董事长吧?不然怎么就你干活起劲呢?"

赵亮笑着回答:"我怎么可能知道他是董事长?做好工作是我的职责所在啊!不过呢,我看他经常背着手走来走去,就知道他是一个成熟老练、信心十足的人。这样的人,通常都能做出一番成就。"

听了赵亮的话之后,李响若有所思地点了点头。

李响对新经理的形象颇为不满，便对工作敷衍了事，"当一天和尚撞一天钟"。同事赵亮则与他不同，认认真真地完成新经理交代的所有任务。最终的结果显而易见，赵亮赢得了信任和认可，成功地升职。赵亮之所以能够得到这个机会，是因为他没有像李响一样仅凭外表便对新经理做出错误的判断，而是将关注点放在了新经理常常背手走路这一特点上。发现了背手这一动作蕴含的自信与力量，便自然而然地对新经理充满了信任和崇敬。

我们都知道，在走路的过程中，双手的摆动可以起到良好的平衡作用，使得身体保持稳定。而将手背在身后行走，显然会增加摔倒的可能性。不惧摔倒而选择将手背在身后，这一颇具特点的身体语言就已经表明这个人对自己具有十足的信心，对于可能发生的情况也有一定的预见性，这样的举动，无疑会让别人产生信赖感。

自 我 检 查

◎ 走路的时候，我是不是从来不敢将手背在身后，唯恐不慎摔倒？

◎ 看到将手背在身后的人，我是觉得他很傲慢还是觉得他很自信？

> 👁 不同的手势，代表着不同的含义，能够表达不同的思想和观点。想要通过身体语言给人留下深刻的印象，用对手势是非常重要的一环。

你想用手势表达什么

有一位名叫戴维·麦克尼尔的美国人，因研究手势语言而闻名。他是芝加哥大学的博士，从1980年开始便在研究手势语言上投入了极大精力，历经漫长的研究和总结之后，他得出一个结论：手势语言有助于讲话者更好地理清讲话的思路。另外，麦克尼尔博士还发现，经过训练或信心十足的讲话者往往更善于运用手势，因为这样有利于他们更清晰、更完整地表达自己的观点。

所谓手势语，就是通过手的活动来传递信息。手势语是身体语言的重要组成部分，具有多种多样的表现方式，能够表达非常丰富的内容。对于我们来说，这是一种很好的表现自己的载体。

古罗马演说家西塞罗认为：所有的心理活动都伴随着手部的动作，即便是最野蛮的人，也能够理解这种语言。具体来说，手势语可以分为实指和虚指两类。使用实指手势的时候，说话人的手势确实有所指示，指向往往和讲话内容有关，如手指相关的人或物等；使用虚指手势的时候，说话的人并没有具体的指向，手势只是为了表现某种情绪或感情。

美国前总统老布什是一个非常善于运用手势来表达自己的观点的人，从某种程度上甚至可以说，手势语为他赢得总统竞选立下了汗马功劳。

刚开始，老布什的演讲水平不是很高，而且手势生硬、单调，演讲整体上给人的感觉是僵硬而乏味的，民众对他的演讲和竞选宣传并没有很大的兴趣。所以，在竞选的初始阶段，老布什的支持率并不是很高。

鉴于这种情况，公关专家建议老布什提高自己的演讲水平，而且要在手势的运用上投入更多的精力。

老布什采纳了专家的建议，对演讲和手势语都进行了一些改进。在此后的演讲中，他的手势变得灵活、丰富起来，很好地带动了民众的情绪，受到了民众的欢迎。

手势的改变，虽然看似细微，但是民众从中得到的信息是不一样的，他们不仅从中感受到了老布什的亲和力、感染力，还看到了老布什愿意改变自己的坚定信念。种种因素叠加在一起，老布什终于成功地赢得了总统竞选。

在诸多的身体语言中，手势是使用频率最高的一种，它给人带来的视觉感受也最强烈。如果可以准确而恰当地运用手势，不仅能牢牢吸引对方的注意力，还能给对方留下更加深刻的印象。那么，在运用手势时有哪些基本的要求呢？

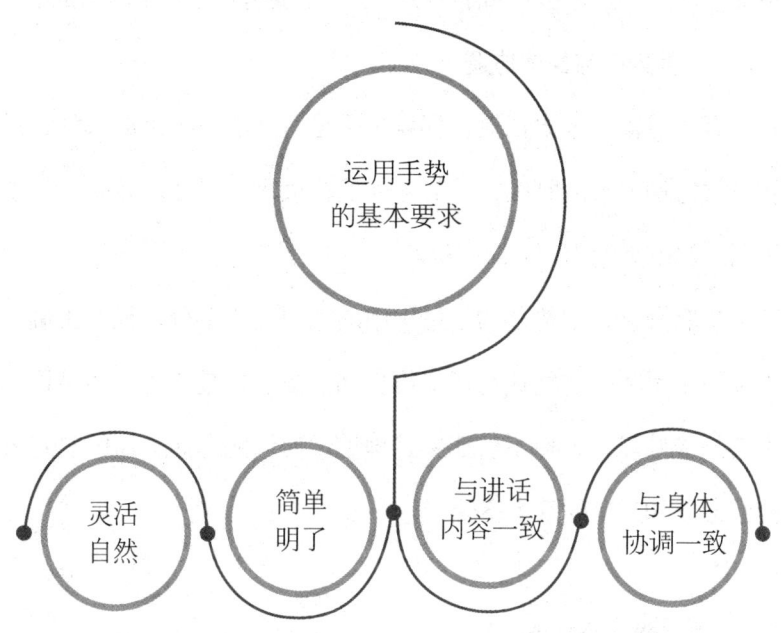

1. 手势应灵活而自然

做手势的目的是传递信息，应该是源自内心深处的真情，而非刻意的矫揉造作。如果你只是为了做手势而做手势，那就有些本末倒置，其效果自然也是适得其反。

2. 手势应简单明了

简单明了的手势更容易让对方理解和接受，能够帮助对方以最快的速度理解你所说的内容。如果手势过于复杂模糊，就会让对方感到疑惑，进而对你所说的话感到厌烦。

3. 手势应与讲话内容一致

手势是多种多样的，有很多表现的形式，但是无论如何运用，其目的都是一样的，那就是帮助对方更好地理解你所说的内容。由此不难看出，只有手势和讲话内容一致，才能达到这一根本目的。

4. 手势应与身体协调一致

有一点需要牢牢记住，那就是手是身体的一个组成部分，只有和身体协调一致的时候，手势才能发挥最大、最佳的效果，展现身体语言的巨大魅力。

总而言之，手势是沟通过程中的重要组成部分，只有正确、恰当地运用手势，才能让沟通变得生动活泼、妙趣横生。通过语言和手势的绝妙配合，你不仅能更好地展现自己的思想，还能让对方体验到形象和语言的双重享受。

自 我 检 查

◎ 说话的时候，我会常常使用手势作为辅助手段吗？

◎ 与人沟通时，我会恰当地运用手势还是随意地运用手势？

> ◉ 在生活中,我们总会在不经意间做出一些小动作。这种不经意的动作,恰恰是某种潜意识的体现,能够更真实地反映我们的内心世界。

轻拍肩膀,表达友好与善意

与别人交流的过程中,我们有时会不经意地做出一些小动作,如摸鼻子、揉耳朵等。这些动作会在不知不觉间做出来,很难刻意隐藏起来。

实际上,一些表示友好、传递善意的动作,根本没有隐藏的必要,因为它们是真情的流露,能让对方感受到我们的友善。对于这类动作,我们非但不该隐藏,还应该在人际交往中多加利用,以此来表现我们的友好,增加对方对我们的好感。如拥抱、拍肩膀之类的小动作,就能起到这样的作用。

很多女士和闺蜜一起逛街的时候,往往喜欢和闺蜜手牵着手,这就是一种表示友好的信号;看到乖巧可爱的孩子,很多人都喜欢伸手抚摸孩子的头,这个动作有助于增加亲切感。同样的道理,与陌生人接触却不知如何称呼对方时,轻轻拍拍他的肩膀,便能将你的善意传递给他。

孙萌从大学毕业后，顺利找到了一份经理助理的工作。

参加工作之初，孙萌很想好好表现，接到经理交代的任务之后，她总想以最快的速度完成。可是她毕竟刚入职，对办公设备和各部门负责人都不是很熟悉，所以难免犯一些错误。

对于这种情况，孙萌十分焦急，但是越着急就越做不好事情。有一次，经理急着要用文件，可是孙萌总是用不好复印机，尝试了几次都没成功。这个时候，已经有好几个同事在孙萌身后等着，想要复印东西。眼见自己影响了同事们的工作，孙萌越来越着急。虽然同事们对孙萌充满理解，但是她心里非常难受。

眼见孙萌有些手足无措，后面的同事伸出了援手。在同事的帮助下，孙萌终于复印好了所需的文件，她一边向同事表达歉意，一边拿起文件准备给经理送去。没承想，她没有把文件整理好，拿起来的时候文件散落了一地。这下，孙萌更加窘迫了，她蹲下去捡拾地上的文件时，眼泪已经忍不住地在眼眶中打转。等调整好情绪站起身来的时候，孙萌才发现经理正站在自己的面前。经理并没有责备孙萌，而是轻轻地拍着她的肩膀说："慢慢来，不着急，我相信你肯定能做好的！"

听完经理的话之后，孙萌心中充满了力量。她坚持不懈地努力，终于成了一名优秀的经理助理。

作为一名职场新人，孙萌难免出现失误，在她为自己的失误而倍感羞愧时，同事们非但没有责怪她，反而给予她充分的理解和及时的帮助。经理则用一个轻拍肩膀的动作，表达了他对孙萌的信任。正是这个小小的肢体动作，让孙萌感受到了信任，并在这种信任的推动下从职场新人变成了优秀的经理助理。

在交际活动中，轻拍肩膀这个动作具有相当重要和现实的意义。面对不太熟悉的人，过于热情的肢体动作会让人觉得浮夸和做作，而轻拍肩膀这个动作虽然微小，但是正好可以恰如其分地表达我们的友好和善意。可以说，无论我们面对的是陌生人还是好朋友，都能用轻拍肩膀这个动作来传达我们那满满的善意，进而通过善意来赢得对方的认可，给对方留下深刻的印象。

自 我 检 查

◎ 与陌生人初次见面的时候，我是不是从来不敢做相应的肢体动作？

◎ 当我犯错误的时候，即便别人不责怪我，我是不是也会陷入深深的自责中，以至于给别人留下不好的印象？

> ◉ 在交际活动中，喝酒是一种十分常见的社交方式，而酒桌上的表现通常能够反映一个人的心理。主动帮人斟酒的人，往往能够赢得别人的好感。

主动斟酒的人，更有深交的价值

现代社会，交际活动已经成为人们生活中的重要组成部分，无论是公司聚会，还是同学相邀，遇到一起吃饭的情况都在所难免。在餐桌上，每一个小动作别人都可以看在眼里，并由此对我们产生深刻的第一印象。

所谓"无酒不成席"，对很多人来说，喝酒不仅仅是为了享受微醺的感觉，更是为了加强沟通效果，增加彼此之间的感情。尽管有些人并不接受也不认可"酒桌文化"，但是一个人在酒桌上的表现，确实能够真实地反映其内心世界。

在酒桌上，能够看到人们各种各样的表现：有些人沉默不语，有些人高谈阔论；有些人低头猛吃，有些人先为别人布菜；有些人自斟自饮，有些人主动为别人斟酒……诸多表现，难以尽述。然而无论何种表现，都有其潜台词。现在，放下诸多表现不说，单论斟酒这一举动。

```
主动帮别人斟酒 — 斟酒方式 — 等着别人给自己斟酒
            |
          自斟自饮
```

1. 主动帮别人斟酒

在酒桌上，懂得在恰当的时机为别人斟酒的人，往往是非常机灵且善于处事的人，他们知道在什么时机，以什么理由为别人斟酒。微反应专家经过研究发现，主动给别人斟酒的人，通常有两种心理：一是比较懂得关心和照顾别人，将别人放在比自己更重要的位置上；二是不想因喝醉而失去理性，说出一些伤害别人的话。

在有些人看来，第二种心理或许有些虚伪做作，但是从实际情况来看，第一种心理其实占据较大的比例，很多人是出于尊重才主动为别人斟酒。即便从第二种心理的角度来看，其实也能发现这类人的一个优点，那就是冷静。在事情发生之前就提前做出预案，这种人的思维方式也是值得称道的。

2. 等着别人给自己斟酒

只知道等着别人给自己斟酒的人，是典型的以自我为中心的类型。无论是思想上还是行为上，这类人都以满足自己的欲望为第一选择。他们希望身边的人能够照顾自己，却又不愿意对别人付出关心。在酒桌上，他们想的不是如何增进彼此之间的感情，改善自己的人际关系，而是想着只要自己开心就可以了。

3. 自斟自饮

还有一类人，他们既不给别人斟酒，也不等着别人给自己斟酒，而是喜欢自斟自饮。这类人具有较强的个性，不喜欢别人对自己指手画脚，很讨厌自己的计划被别人打乱。

不仅斟酒这一举动能够体现一个人的心理动态，对不同类型的酒的偏好，也能反映一个人的个性和特点。

1. 偏爱白酒

这类人通常喜欢社交，且乐善好施；他们有非常温厚的一面，非常在意别人的感受，一旦受到别人的吹捧，往往难以拒绝对方提出的请求；他们愿意为认同自己的人付出一切，即便遭遇失败，也不轻易服输。

2. 偏爱啤酒

这类人在社交场合很受欢迎，和所有人都能聊得来；他们很喜欢取悦别人，很轻松就能赢得别人的好感；他们平时给人的感觉稍显冷漠，可如果真的有事，就能看到他们的体贴之心；对于金钱，他们并没有太多概念，不是非常看重。

在酒桌上，通过一个人的某些表现就能看透他的内心世界。对于我们来说，应该时刻注意自己的一举一动。尤其是在喝酒的时候，一定要主动为别人斟酒。这是一种礼节，更是一种尊重，能够体现出我们的修养和为人，可以为我们的第一印象加分。

对于不喝酒的人来说，酒桌文化与他们似乎无缘。其实不然，喝饮料或者茶水，和喝酒是一样的道理。主动一点，先人后己，这样的举动显然会赢得别人更多的好感。

自 我 检 查

◎ 我从来不喝酒，所以我对酒桌文化没有任何兴趣吗？

◎ 喝酒的时候，我会不会因为担心别人觉得我特别能喝，而从来不主动斟酒？

> ● 人的精神状态会通过身体的姿态反映出来。走路矫健的人，通常会给人一种积极向上的感觉，进而给人留下良好的印象。

走路矫健有力，传递积极向上的信息

说起走路姿态和第一印象的关系，相信很多人都无法进行准确的描述，甚至很多人觉得走路姿态与第一印象并没有什么直接联系，因为大部分沟通都不是边走边进行的。如果你也有这样的想法，那就大错特错了。

要知道，走路姿态是身体语言的重要组成部分，无论它在沟通过程中占据多少份额，总有展现的机会。也许在整个过程中，你只需要走几步，但就是这短短的几步，就已经传递出了相应的信息，使别人对你产生了或好或坏的第一印象。

孙磊是一个培训师，虽然他的知识体系完整，个人阅历也很丰富，但是从培训效果来看，学员们对他并不是十分满意，经理也觉得他总是无精打采。

对于这种情况,孙磊觉得十分无奈和困惑。他觉得自己已经竭尽全力,可是现实让他有些难以接受甚至心灰意冷。

有一次,孙磊到外地参加一个交流会,与同行进行交流和切磋。凑巧的是,与会者中有一个他熟识的朋友。经过一番交流,他知道这位朋友的成就已经远超自己,于是,他向朋友请教:"每次给人做培训之前,我都精心准备,在培训的过程中也是精神抖擞,十分投入,为什么效果总是不理想呢?"朋友回答:"其实精神状态不仅体现在说话方式和手势上,你的走路姿态也会有所反映。刚刚你上前准备讲话的时候,并不是昂首阔步,而是脚拖地。也许这只是你的个人习惯,但是给我留下的第一印象就是无精打采、垂头丧气,看到你这样的表现,对你的讲话自然而然就没什么兴趣。或许你平常并没有注意,但是你这样的走路姿态确实对你的形象产生了不好的影响。"

听完朋友这些发自肺腑的话,孙磊恍然大悟。在这之前,他从没想过走路的姿态会对他产生如此消极的影响,原来走路的姿态才是自己不受欢迎的罪魁祸首。在这之后,孙磊开始刻意纠正自己的走路姿态,随着走路姿态变得越来越矫健,他的培训课程也越来越受欢迎。

孙磊的知识储备和能力都没有问题,对他的事业造成影响的,其实是他忽视了走路姿态这一身体语言。在认识到问题的根源之后,孙磊开始纠正自己的走路姿态,在逐渐改进的过程中,他的事业也有了巨大的突破和发展。

一般而言,常见的走路姿态有以下几种类型:

走路类型	走路姿态
稳健型	走路的时候，昂首挺胸，脚步非常稳健，步伐相对缓慢而且步幅比较大。这种走姿会给人留下稳健、愉悦、自信的印象。
轻松型	走路的时候，上身挺直，两臂自然地摆动，步伐不紧不慢而且步幅适中。这种走姿会给人留下轻松自如、心态平和的印象。
庄重型	走路的时候，上身挺直，两臂很有节奏感地摆动，步伐和步幅都比较适中。这种走姿会给人留下庄重、热忱、懂礼貌的印象。

不同的走路姿态可以表现不同的心理状态。虽然我们有时并不是非常在意，但是别人会从中看出一些潜在的信息，并根据这一信息形成最初的印象。在走路的时候，应该表现得如风一般矫健有力，争取给对方留下良好的第一印象，为自己的个人形象加分。

自 我 检 查

◎ 在一般情况下，我是不是习惯于低着头行走，而自己根本没有在意？

◎ 我是不是因为喜欢轻松自在一些，所以走路的时候非常随意，想怎么走路就怎么走路？

第四章
性别魅力：易被忽视的深刻印象塑造法

在第一印象形成的过程中，性别的差异会造成不同的影响。这是因为，男性和女性给人留下的固有印象本就不同，可以说性别本身就代表着某种特性。然而，很多人并没有将性别放在应该重视的位置，有些人甚至觉得性别给自己塑造形象带来了困扰，这显然是非常荒谬的。

> ● 在社交活动中，很多人并不知道如何发挥性别魅力的作用，有些人甚至会莫名地感觉性别会让自己处于劣势地位，这种观念极不正确，应该及早改变。

性别魅力为第一印象增加天然吸引力

毫不夸张地说，性别魅力是第一印象的重要的组成部分，它会为你所塑造的第一印象增加天然的吸引力。换句话说，如果你丝毫没有性别魅力，即便你表现得和蔼可亲、诙谐幽默，你和对方的沟通也难以精彩。

这里所说的性别魅力，绝对不是指性感那么简单，也不是说你要衣着暴露或是展现肌肉。通常来说，越具有性别魅力的人，越不会轻易让自己彻底暴露。

但凡有一定社交经验的人都知道，在选择交往对象的时候，我们并不会仅仅通过外表去判断一个人。尽管外表是我们做出选择的标准之一，但是我们还会综合考量个人魅力。将各种因素进行有效整合之后，我们才会做出最终的判断。也许需要考虑的因素有些多，但是我们有足够的时间和能力去做出最佳的选择。这一点毋庸置疑。

有些人或许觉得自己拥有十足的性别魅力，有些人却觉得自己性别魅力不足，无论是哪种情况，其实最终掌控这一切的都是你自己。你可以尽全力展现自己的性别魅力，让与你相处的人感觉轻松自在，在你愿意的前提下，促使两人的关系发展到更高的层次——建立更亲密的朋友关系，或者成为情侣，这些都可以在一定的条件下实现。

当你能够展现自己的性别魅力时，对方会更愿意与你进行深入的沟通，更愿意了解你，更愿意和你保持亲密的关系。同样的道理，如果你不想和对方深入交流，也可以对这段关系加以限制，只要你能克制自己不去展现性别魅力，那你就能轻松达到目的。

当然，在不同的场合中，表现性别魅力的方式和手段也要有所不同，而且要根据不同的情况表现出不同程度的性别魅力。

在初次见面的时候，通常以介绍为主，所以交谈的时间会十分短暂。即便如此，你也可以抓住每一个机会向对方展现自己的性别魅力。要知道，你需要展现的只是自己健康而自然的一面，所以并不需要花费很多的时间。

性别魅力包含诸多内容，如吸引力、自信心、包容度等。也许你无法在短时间内将所有的内容一一呈现在对方面前，但是只要能够抓住对方关注的重点，并通过这一关键点来展现自己，那么就能起到相应的效果，对方就会被你深深吸引。

对第一印象而言，性别魅力是不可或缺的组成部分，好好利用这一点,将会为第一印象添上浓墨重彩的一笔。无论你是谁,无论你如何看待自己,只要了解并知道如何发挥性别的巨大魅力,你就能成为一个受人欢迎的人。

自 我 检 查

◎ 无论身处怎样的环境,我是否总能展现自己的性别魅力?

◎ 无论是面对同性还是异性,我能不能做到始终如一地表现自己?

> ● 一般来说，人们会在某些场合、某些情况下展现自己的性别魅力，但是这种展现并非毫无节制，而且有不同的展现方式。

展现性别魅力的三种类型

在一般情况下，绝大多数人都不会毫无节制地展现自己的性别魅力，而会根据不同的情况做出相应的判断，以决定自己应该如何展现或是展现多少性别魅力。

无论你的性别是什么，对待性别的态度是怎样的，你的性别魅力都是你的组成部分，是你对自己的接受和认可程度。无论在什么场合中，你身边的人总会希望你展现出一定的性别魅力。即便是在十分严肃的场合，我们也会发现一些人展现出性别魅力，只是我们的注意力并不在此，于是没有做出回应罢了。

在别人展现性别魅力的时候，假如你能做出一点回应，哪怕只是一个肯定的眼神，那么对方也可能因此对你产生好感，虽然有的时候连对方都不知道为什么会产生这样的感觉。也许这样的结果出乎你的意料，但这是事实。

反过来，如果你没有丝毫回应，那么对方很可能觉得你不愿意与之进行交流，即便你本意并非如此，对方也会因为你的表现而否定你。至于对方会做出何种程度的否定，则取决于实际情况——不同的人或不同的场合会有不同的结果。

那么，在初次见面的时候，展现性别魅力的方式有哪几种呢？

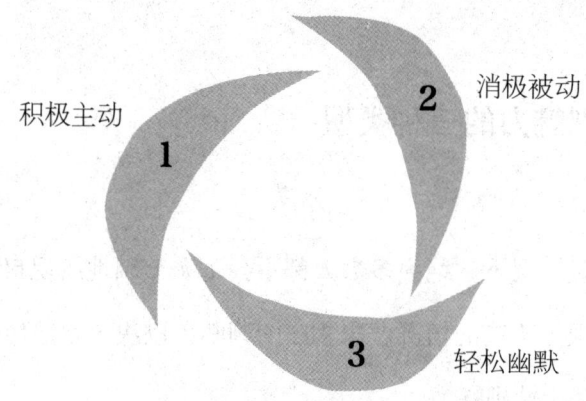

1. 积极主动

这类人会积极主动地与人交流，而且喜欢谈论自己的喜好、兴趣等。在他们感兴趣的话题上，他们愿意花费更多的时间，并且总是滔滔不绝。

李磊十分喜爱健身，于是在交流的过程中总是主动谈论与健身相关的内容，而且会不自觉地将对方的注意力引到自己的身体上。在李磊看来，这是一种炫耀肌肉的方式。

2. 消极被动

这类人习惯于压抑自己,给人畏缩不前的感觉。虽然这种态度看起来十分安全,但是会让别人感觉非常不自在。

汤米是一个富有魅力的男性,而且善于社交,在与米娜约会的时候,他总能让米娜畅所欲言。可是,米娜总觉得他们俩不像情侣,而像关系亲密的朋友。因为在某些时候汤米总是表现得畏缩不前,好像是在尽力克制性别魅力的自然流露。从心理学的角度来说,汤米压抑自己的行为会让米娜感觉他没有完全投入,并不是真的想要与她谈恋爱。

消极被动的人会让沟通对象觉得毫无吸引力,而这是沟通不畅的最终原因。也就是说,过分压抑性别魅力的做法会对人际关系产生一定的限制。

3. 轻松幽默

这类人喜欢以幽默诙谐的方式来展现自己,通常会流露出轻松惬意、享受生活的态度。而且这种方式需要互相打趣,才能得到最好的效果。

珍妮和卡特第一次约会的时候,珍妮就拿卡特的衣服开了个有趣的玩笑,而卡特也拿珍妮迟到的事情逗乐,两个人相视而笑,彼此心生好感。两个人在之后相处的过程中,不但常开对方的玩笑,而且经常自嘲。这种幽默的相处方式,让两个人的关系越来越紧密。

适当展现自己的幽默，能够让沟通对象感受到轻松和愉快，会让沟通变得更加顺畅。

通常来说，在第一次见面的时候，应该根据谈话对象和谈话场合来适度调整展现性别魅力的方式及程度，只有适当、适度，才能让对方感觉自在、舒服。如果你能先判断出对方展示性别魅力的程度，然后尽量调整自己去适应对方，那你就可以传递出积极的信号，让对方觉得你是一个极易相处的人。

自 我 检 查

◎ 我是一个喜欢以何种方式展现性别魅力的人？

◎ 当别人展现自己的性别魅力时，我通常会做出怎样的回应？

> ● 性别魅力的展现方式是多种多样的，不仅体现在身材、服装等方面，还体现在对别人的欣赏程度和方式上。

表示欣赏：施展性别魅力的有效手段

当你想要展现自己的性别魅力时，你的关注点有可能会放在身材和服装上，但是性别魅力并不单单是身体上的美。即便拥有超模般的身材和天使般的面庞，如果你对别人漠不关心或是爱搭不理，那么你在别人的眼中可能也没有什么吸引力。

展现性别魅力的方式多种多样，其中最重要的一种方式就是你对别人的欣赏。它是性别魅力的重要组成部分，却时常被我们忽视。无论是通过目光的交流、身体的接触，还是极富吸引力的表达方式，你都能通过回应来表示自己的欣赏之情。

对别人的友好给予积极的回应，会让别人觉得自己受到了重视，由此在心理上得到某种满足。比如，别人对你微笑的时候，如果你也报以微笑或是向对方眨眨眼，对方便会感觉自己受到了关注，觉得自己是与众不同的存在。这种回应使对方愿意和你相处，并和你建立起更加紧密的关系。

琳达正走在上班的路上，迎面走过来一位极具魅力的男士。他们的目光发生了碰撞，然后男士很快将视线移开了。但是琳达依然关注着男士，她的视线依然停留在男士的身上。这种关注持续了几秒钟，男士通过余光发现了这种关注。于是，在两个人擦肩而过的时候，男士对琳达报以微笑。

短暂的目光交流过程，其实就是琳达和男士的心灵交流过程。琳达的关注是一种示好的方式，而男士的微笑则表现出他对琳达的欣赏。这种互相欣赏，让二人充分展现自己的性别魅力，也感受到了对方的性别魅力。

性别魅力与你对别人的回应有着非常密切的关系，它能告诉别人你觉得他们充满魅力。虽然有的时候你只是做了一点微妙的暗示，但是这就已经透露出了你对别人的欣赏。就算别人没有对你的暗示做出回应，你也已经成功地让他们产生了良好的自我感觉，并因此对你产生了良好的印象。

当你向别人展示自己的欣赏和关注时，并不意味着你想要进一步发展彼此之间的关系，也不一定说明你对对方有恋爱的需求。这不过是一种表现自己的方式而已，那短短的一瞬间，是完全属于你们两个人的，没有人能够打扰。

假如在初次见面时，你确实被对方深深吸引了，想要和对方有进一步的发展，又该如何表示自己的欣赏或关注呢？对于大部分人来说，恰当而舒适的做法会让人更加容易接受。具体的做法是进行更长时间的目光交流、更亲密的肢体接触等。

自 我 检 查

◎ 面对陌生的异性，我能恰当地表示自己的欣赏之情吗？

◎ 展现性别魅力的方式中，我最喜欢哪一种？

> ● 被异性吸引，这是因为身体受到了某种自然刺激，是一种非常正常的反应。

异性相吸：人们对异性总是缺乏"免疫力"

异性相吸是一种非常自然的反应，如果在社交活动中能够巧妙地运用异性之间的这种微妙关系，处理起事情来将会更加顺利和省心。

人们常说的"男女搭配，干活不累"，其实就是一种异性相吸的表现。对于异性，人们总是怀着一种好奇心，很希望和异性有更多的交流机会。某些心理学家将异性相吸看作一种化学反应，它是身体受到视觉、听觉、嗅觉等自然刺激而产生的。

与异性接触的时候，当对方的形象与我们事先设定的形象相符时，我们便会受到对方的吸引。但是，这种吸引并不是恒久不变的，而是会因为外界因素的影响产生某种变化。

有一位心理学家做过一个实验，用来检验异性相吸的心理效应：

实验员将两张男性的照片放在一位女性参与者面前，让她从中选出比较感兴趣的一个，并让她说明选中的这个人在相貌上占据了多大优势。经过这轮选择后，实验员又让这位女性观看了一个幻灯片，幻灯片中出现的男性的照片与第一轮中的是一样的，区别在于其中一位男性被一位女性面带微笑地看着，而另一位男性则被一位女性木然地看着。看完幻灯片之后，实验员重复进行第一轮实验，让这位女性再次在两张照片中进行选择。

在多名女性先后完成这一实验之后，这位心理学家得出结论：女性看过幻灯片之后，更容易被其他女性微笑以对的男性吸引。

由此可以看出，异性之间的吸引力也会因外界因素产生变化。那些被公认为优秀的异性，更有可能成为大家首选的目标。一旦你给某个异性留下了深刻而美好的印象，那么其他异性也有可能受到这种美好印象的影响，对你产生更多的好感。

异性相吸的原理会对我们留下良好的第一印象有帮助，但是也不能无限制地利用这一原理。正所谓过犹不及，只有掌握好其中的度，才有可能得到最佳的效果。

自 我 检 查

◎ 面对异性的时候，我能不能完美地展现自己的优点？

◎ 和陌生人交往的时候，是不是异性更能吸引我的注意力？

> ● 对于很多人来说，向异性示爱并不是一件简单的事情，毕竟这其中涉及很多因素，并不是总能如愿以偿。

示爱时如何给对方留下好印象

社会心理学家经过研究发现，男人和女人在相见的最初几秒钟之内，就会对对方做出初步评价。所以说，想要给对方留下好印象，一定要抓住这短暂的几秒钟。尤其是在追求异性时，更要好好利用这短暂的时间，给对方留下良好的第一印象。

第一次和异性说话的时候，你有没有口吃的情况？当一位魅力十足的异性站在你的面前时，你的心跳是不是几乎要停止了？你是不是很想说一些有趣的话题，但是一开口就让人感觉厌烦？这些困扰并不是只有你才有，很多人都有相似的问题。常常听到一些年轻的男性说："我没有经验，不知道怎么去表白。"由于这个原因，他们便不敢追求爱情。实际上，完全没有经验并不代表与异性没有接触的机会，缘分说不定什么时候就来了。

按照社会心理学家的分析，人们心中的恐惧其实来源于对陌生人的害怕，尤其是在与陌生人交流的时候，这种恐惧更让人难以抵抗，甚至会让我们连招呼都打不了。

那些没有经验的人并非没有魅力，只是因为他们不懂得如何表达爱意，所以才会出现种种窘况。凡事都有先后顺序，求爱也应当循序渐进，先与异性成为朋友，再逐步发展为爱人，这种方式相对更好一些。

实际上，身体语言及其他行为都在示爱的过程中扮演着重要的角色。每时每刻，你都在用不同的方式传递着信息，无论你是否意识到这一点，它都是真实存在的。

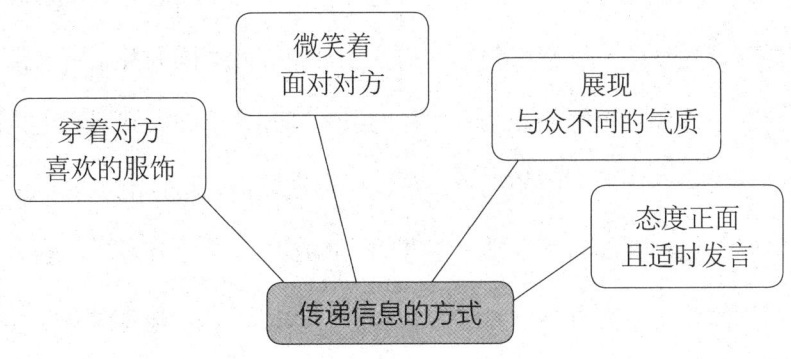

1. 穿着对方喜欢的服饰

每天穿对方喜欢的服装并不是一种立刻就能见效的方法，但是日积月累，将会让他对你产生好感。对方喜欢什么颜色，你不妨穿什么颜色的衣服，以此让对方感觉你在穿衣上很有品位。这样一来，就能提高对方对你的关注度。当然，你也要考虑自己的风格，这样才不会让对方觉得你是在刻意迎合他。面对自己中意的人，如果你穿着随便，对方就会像你不关心衣着一样不关心你。你如果能配合对方的喜好，就能将好感传达到对方的潜意识中。

2. 微笑着面对对方

微笑容易让对方产生好感，会让对方更容易接受你。微笑着注视对方的眼睛，会让他放松心情。只不过，微笑时不该表现出别有目的的样子，以免让对方觉得厌烦。可以说，笑容是向对方表示好感的最佳招牌，当你对对方微笑时，他也会给你一个微笑。这样一来，对方就会敞开心扉，你就可以进一步走进他的内心世界。

3. 展现与众不同的气质

在沟通的过程中，你可以通过各种不同的手段和方式来展现自己良好的气质，以此引起对方的关注，使彼此之间的关系更亲密。比如：选择一个好的开场白，在沟通刚刚开始的时候就展现出自己的魅力；在比较喧闹的场合，可以小声地耳语，这样能表现得更加亲密；在沟通中，可以提一些开放式的问题，让对方多说一些，自己则做一个忠实的听众；等等。在不同的情况下，都有适当的方式来展现自己的气质，这会增加个人魅力。

4. 态度正面且适时发言

与对方沟通时，你一定要从正面的角度表达观点，让对方从心底里感觉自在。而且，即便是赞扬，也要选择合适的角度，要知道并不是所有的赞美都让人受用。此外，制造浪漫气氛、送有意义的礼物等，都是表达爱意的好方法。在说话的时候，还要选择恰当的时机，在对方开心的时候表达爱意，明显要比在对方心情不佳的时候表达爱意效果更佳。

人和人之间，心理距离的远近将会决定关系的亲疏。想要给示爱对象留下好印象，最好的办法就是走进对方的心里，拉近彼此之间的距离，只要想方设法做到这一点，不管是哪种示爱方式，都会让对方心生温暖，两个人的关系也会逐渐变得亲密起来。

自 我 检 查

◎ 面对自己喜欢的人，我是不是总会语无伦次？

◎ 我想向喜欢的人示爱时，会不会苦于不知如何表达？

> ◉ 面对陌生人，有些人甚至无法进行最简单的表达。他们感觉自卑、忧虑，进而否定自己。可是，如果连自己都接受不了，还怎么去吸引别人呢？

接受不了自己，就别奢望吸引别人

在很多人的内心深处，都有自卑情绪的存在。由于对自己不自信，我们不敢与人交流，尤其是在与异性交往的时候，这种自卑感往往会表现得更加明显。殊不知，越是自卑，就越接受不了自己，也就越难以对别人产生足够的吸引力。

想要和陌生人结识，甚至是让对方接受我们，首先要做到的就是接受自己。所谓接受自己，就是要坦然地接受自己的一切，无论是好的方面还是不好的方面，无论是优势还是劣势，都要以欣然而积极的态度去接受、去面对。

从某种意义上说，接受自己是与陌生人进行沟通的前提。假如我们不敢面对真实的自己，不敢正视自己的问题，那又怎么能奢望别人接受我们呢？退一万步讲，即便陌生人在不了解我们的情况下接受了我们，可是如果我们无法接受自己，长期受到不良情绪的影响，我们终究无法赢得对方长期的认可。

有一个年轻的女士因为失恋而遭受重大打击，不得不去寻求心理医生的帮助。

第一次和心理医生见面的时候，她就失声痛哭："我实在太矮了，长得也不好看，好不容易在网上找到一个男朋友，他跟我见面之后立刻就跟我分手了。"

女士说得一点不假，她只有一米五出头，皮肤黝黑，身形瘦小，远远看去就像个初中生。但是，一旦走到她的身边，看到她那张历经沧桑的脸，就知道她饱受生活的磨难。

心理医生发现她心态方面的问题之后，积极地引导她接受自己："长相和身高是难以改变的，即使你对它们有所不满，也只能接受现实。就算你天天抱怨，并因此而苦闷不堪，也于事无补。与其自己折磨自己，倒不如坦然接受这样的自己，敞开自己的心扉，给别人接近你的机会。只有这样，你的生命才能充满更多姿彩，而不是像现在这样被阴霾遮挡。"

经过心理医生的几次辅导之后，女士的心态逐渐发生了变化，尝试着接受自己，并开始试着结交朋友。随着治疗的不断深入，女士的脸上越来越多地展现出笑容，说话的声音也越来越大。与陌生人沟通的时候，她变得越来越有自信。她曾经深感自卑的身高和长相，如今不再是沟通的障碍，因为她的人格魅力已经足够吸引人。

慢慢地，这位女士变成了交际场上的明星。不管面对多少陌生人，她都不再恐惧和担忧。这一切，都归功于她勇敢地接纳了自己。

所谓"天生我材必有用"，世界上的任何一个人都有其独特的价值和存在的意义。也许某些方面达不到自己的要求，也远不如身边的人，但是它们同样是一个人整体的一部分。"人无完人"并不是一句空话，而是不容置疑的事实。接受自己，才能欣赏自己，欣赏自己，别人才会欣赏你。

想要与陌生人结识，甚至是让陌生人变成自己的朋友，就要从内心深处接受自己。唯有如此，我们才能摆脱恐惧，远离自卑，以自信满满的姿态出现在别人面前，进而用人格魅力去打动他们，赢得他们的好感。

自 我 检 查

◎ 在社交场合中，我常常因为长相不佳而不敢与人说话吗？

◎ 有时候，即便一件不起眼的小事也会让我觉得自卑吗？

第五章
个人修养：内在美让个人形象急速提升

在交往过程中，人们首先注意到的往往是别人的造型装扮、容貌身材等，因为这是一眼就能看到的东西。但是，优秀的外表并不能代表一个人的真实面目，毕竟"金玉其外，败絮其中"的事情也时有发生。所以说，想要给别人留下良好的第一印象，不仅要关注外在，更要关注个人的修养。

> ◉ 从古至今，博学者都令人深感敬佩，如老子、孔子之类的大家，至今仍被人们铭记，他们的著作和学说始终被视作经典，深受人们喜爱。

知识为王：博学者受人敬仰

一个人的形象与多种因素都有密切的关系。影响第一印象形成的因素，除了有心理、造型、身体语言等，个人修养也是极为重要的因素之一。

个人修养的高低是一个人综合素质的体现，而知识储备是其中一个非常重要的组成部分。而且相对于其他部分而言，知识的积累需要一个更加漫长的过程。正是因为掌握知识需要花费较多的时间和精力，所以知识渊博的人往往受人尊重。

相信很多人小的时候都有一个美丽的教师梦，希望自己长大以后能像自己的老师一样博学、睿智。这种从小萌生的美好愿望，其实就是我们期盼获得知识的一种反映。也可以说，在我们的内心深处，总会对知识有种莫名的冲动，对于那些知识渊博的人，我们也总会另眼相看，甚至是投去羡慕的目光。

俄罗斯政治家梅德韦杰夫曾到中国进行访问，并在北京大学进行精彩的演讲。在他的演说词中，数次引经据典，用以证明自己的观点："中国有句古话'长江后浪推前浪，世上新人换旧人'。高等学府培养一代代的学者和思想家，他们肩负在科学、经济、政治、文化等领域创造新成就的责任。"此外，他还引用了《论语》中的"学而时习之，不亦乐乎"、老子说的"使我介然有知，行于大道，唯施是畏"等名句。

梅德韦杰夫巧妙而准确地引经据典，让在场的听众深感震撼，现场响起了经久不息的掌声，人们对他的印象也加深了许多。

梅德韦杰夫能够在演讲中引经据典，这让现场的人在震惊之余更多的是发自内心地赞叹。他对中国传统文化的了解，已经超出了很多人的预料，他不仅表现出对中国传统文化的深深喜爱，更传达出愿与中国人民友好相处的美好愿望。仅仅通过一次演讲，人们对他的印象就会发生非常大的转变。

当然，这个世界上没有天生就知识渊博的人，那些能够做到妙语连珠、字字珠玑的人，并非因为拥有超人的天赋，而是因为他们博览群书、刻苦学习，日积月累，才拥有了丰富的知识，才能在沟通中展现自己独特的学识魅力。

只有知识渊博的人，才能在讲话中用各种方式来诠释语言的魅力；只有知识渊博的人，才能对事物蕴含的道理有更加深刻的认知；只有知识渊博的人，才能更加准确、得体地表达自己的想法。想要通过对话来提升个人形象，就应该努力学习各方面的知识，让自己变成一个博学者。

积累知识的途径各种各样，而读书是其中常见的途径之一。俗话说："熟读唐诗三百首，不会作诗也会吟。"经过长期的阅读和积累之后，我们的思维会更加灵活，素养会更加深厚。当知识积累到一定的程度之后，只要交流话题涉及某些方面的内容，我们头脑中的知识就会像放电影一样不断地浮现出来。

除了从书本上获取知识，社会也是我们学习的大课堂。生活中的种种经历，都值得我们细细品味、思考，进而总结经验、教训，通过一次次的锻炼和学习，逐渐积累知识和经验。

总之，知识的积累并非一朝一夕的事情，学习的途径也非单一的，通过不断学习和总结，我们将逐渐向博学靠近，成为受人欢迎的人。

自 我 检 查

◎ 对于什么话题都能聊的人，我是不是充满敬佩？

◎ 我是不是对自己擅长的知识充满兴趣，而对不擅长的知识十分厌烦？

_____
_____

> ◉ 人这一辈子，难免会犯下错误。犯错不可怕，可怕的是犯了错误却要掩饰。但凡敢于认错的人，无不胸怀坦荡，在这种人格魅力面前，错误可以忽略不计。

特里法则：勇于认错、敢作敢当的人魅力更足

"人非圣贤，孰能无过。"每个人都有缺点，都难免犯一些错误。在犯错的时候，出于自保的心理，很多人并不愿意承认错误，甚至会出现隐瞒错误的情况。实际上，承认错误并不是什么丢人的事。毕竟，一次错误并不会毁掉我们的人生，为了一个错误而去找各种各样的借口，才会让我们的生活乱套。

美国田纳西银行的前总经理特里说过一句十分有名的话："承认错误是一个人最大的力量源泉，因为正视错误的人将得到错误以外的东西。"这句话经过总结之后，就成了著名的"特里法则"。

特里法则主要有两层含义：一是"承认错误是一个人最大的力量源泉"；二是"正视错误的人将得到错误以外的东西"，如经验、教训等。其核心意义是告诉我们，勇于承认错误本身就有极大的价值。

新墨西哥州阿布库克市的布鲁士·哈威在核准员工薪资的时候犯了一个错误——给一位请病假的员工发放了全额薪资。

发现这一错误之后,哈威及时找到这位员工,并向他解释必须纠正这个错误,所以要在下次发放薪水的时候从中扣除相应的金额。这位员工对此表示理解,但是同时表示一次性扣除的话会给他带来严重的财务问题,所以请求分期扣除多领的薪水。哈威也能体谅这位员工,但是这样做必须先获得上级的批准。

"我知道,"哈威说,"这样做肯定会让老板感到不满。在我思考以何种方式来处理这种状况更为妥当的时候,我认识到产生这些混乱状况的原因在于我自己,我必须要在老板面前承认自己的错误。"于是,哈威来到老板面前,将详细情况告诉了老板,并向他承认了自己的错误。老板听后大发雷霆,先是斥责人事部门和会计部门的疏忽,然后又责怪哈威办公室的另外两个同事。在这个过程中,哈威反复解释说这是自己犯的错误,与别人没有关系。最后,老板看着他说:"好吧,既然这是你犯的错误,那就由你负责解决这个问题吧!"

最终,这个错误得到了及时的纠正,并没有给任何人带来麻烦。从此以后,老板更加赏识哈威了。

敢于承认错误并积极改正的态度,让哈威赢得了老板更多的信赖。从中不难看出,越及时地承认错误,就越容易改正和补救。而且,与别人提出批评后再去认错相比,还能够得到意外的收获。愿意主动承认错误的人，通常能获得别人的尊重和宽容。

美国马里兰州的一所卫生院做过这样一个实验：研究者将医生们在出现失误时的反应和采取的应对措施录制下来，之后将这些录像播放给观众看，并调查观众对医生们有何印象。实验结果表明：那些能够真诚认错的医生，往往会给观众留下不错的印象；对于那些认错且积极弥补的医生，观众不会跟他们计较太多；对于那些不肯认错且想方设法为自己开脱的医生，大部分观众更愿意选择以法律的武器来保护自己。

对于已经出现的错误，一味地掩饰、推脱或解释都毫无意义。这样做的后果可能是引发更大的错误，造成更大的损失。如果一个人为了保全自己的美好形象，而选择牺牲更大的利益，那就说明这个人没有责任心。这样的人注定无法赢得人们的尊重，也无法给人留下良好的印象。

自 我 检 查

◎ 发现自己犯了错误，我首先想到的是极力掩饰还是坦率承认？

◎ 工作出现问题，我是选择将责任推卸给别人，还是勇敢承担自己的责任？

> ● 诚实是一种高尚的品性，总是受人推崇。与诚实的人打交道，人们往往轻松自在，所以更愿意也更容易敞开心扉。

诚实助你突破对方的心理防线

俗话说得好："人心要实，火心要虚。"它告诫我们，为人处世的时候一定要谨遵诚实信条。诚实的人往往会获得更好的人缘，给人留下更好的印象。

从古至今，诚实都为人们所推崇，这是因为诚实是一种高尚的品性，体现了对自己、他人和社会负责的态度。人缘的好坏，很大程度上反映出一个人人格的优劣。待人真挚诚恳、实实在在，办事脚踏实地、不偷奸耍滑，说话有根有据、不以讹传讹，有问题当面处理、不在背后搞小动作，这样的人在交际或办事时，往往能够赢得别人的好感。

在和诚实的人相处时，千万不要把诚实的人当成傻子。即便他们当时没有在意或是没有反应过来，但是事后总有明白的时候，一旦对方发现自己受到了欺骗，那么这段情谊也就到了结束的时候。

诚实的人做事总是让人觉得放心和踏实，因为他们总是实事求是地对待所有事情，即便出了问题，也不会有所隐瞒。这样的做法，能够最大限度地弥补错误带来的损失。他们会根据自己的能力去做事，而不会对超出自己能力范围的事轻易许下诺言，做不到就是做不到。

诚实是一个人最好的标识，是一个人社交活动中最有力的保障。一般来说，人们最痛恨的就是被人欺骗。诚实的人，往往能够赢得更多的友谊；虚伪的人，则会被人抛弃，甚至落得身败名裂的下场。

用诚实的言行去交换对方的真心，这样才能得到诚实的回报。有些人因为诚实的品质而获得了重要的职位，有些人因为诚实的品质而获得了前所未有的发展机遇。大到国家，小到家庭，诚实的品质无处不在彰显它的魔力。

2004年3月，中国长江机械装备集团公司与欧洲某跨国公司签订了一份矿山设备出口合同，价值近千万元。

在设备装船起运之后，长江机械装备集团公司的技术质量管理部门在清仓时突然发现一个问题——装卸工出现失误，将一箱不符合规格的螺丝装上了船。集团老总了解这一情况之后，亲自带着一箱标准件前去调换。当他们乘坐快艇赶上货船并表明来意之后，在场的外国客户十分感动。因为这件事情，长江机械装备集团公司一时间名声大噪，欧洲的许多公司都争相与他们做生意。

恰恰是因为诚实的品行，长江机械装备集团公司得到了大量的订单。慢慢地，这家公司在海内外都有了相当大的知名度。

凭借诚实的行为，长江机械装备集团公司迅速打开了国外市场，这一点他们自己也许都没想到，这就是诚实给他们带来的好处。

与人交往的过程中，一定要做到"言必行，行必果"。只有真诚以待，才能让对方感受到满满的诚意，才会让对方充满好感。可以说，诚实是突破对方内心防线的一把利器，对树立良好的第一印象有着十分积极的意义。

> **自 我 检 查**
>
> ◎ 犯下错误的时候，我能不能诚实地向别人表达歉意？
> ◎ 如果发现一个人不诚实，我还愿意和他继续交流吗？

> ◉ 虚心向人请教是一种基本素质，人人都应具备。虚心的态度让人感觉舒心，会更愿意敞开心扉。有了虚心这个利器，你就能轻松赢得人心。

虚心请教，你将赢得人心

孔子说过："三人行，必有我师焉。"无论身处何种环境，居于何种位置，我们身边总有值得学习的人。虚心向人请教是每个人都应具备的基本素质，虚心的人往往更受人欢迎。

相信很多人都有这样的体验：小时候上学时，最崇拜的就是站在黑板前的老师，总是梦想有朝一日自己也能成为一名老师。虽然小时候的梦想长大未必能够实现，但是很多人在内心深处依然希望能够成为别人的老师，为别人"传道授业解惑"。从这个角度上说，虚心向人求教不仅能够体现自己的素质，还能满足别人"为人师"的愿望，可谓一举两得。也就是说，如果你能在交际的过程中多多请教对方，那么很容易就能拉近彼此之间的距离，让双方的沟通变得顺畅起来。

在沟通过程中，尝试以请教的姿态和对方交谈，往往可以满足对方的尊重需求，也更容易赢得对方的信任。多多运用"我想知道""请教一下""我不是很明白，您再跟我说说"之类的话语，通常能够激起对方的谈话欲望，尤其是在对方比较擅长的话题上，效果更加显著。

邓肯刚刚搬到一个小镇上居住，他想买一辆汽车代步，可是在镇上的二手车行看过之后，他并没有发现合适的车。虽然有几辆中意的车，可是在试驾之后，他却没有选中任何一辆。

知道邓肯有二手车的需求，他的同事们便开始替他关注车源。恰好同事布莱克的朋友格林想把车卖了，换一辆新车。于是，布莱克便联系邓肯和格林见面。

见面寒暄之后，格林便对邓肯说："听布莱克说，您想买辆二手车，但是看遍了二手车行都没有找到合适的。我想您对汽车一定颇有研究，如果有机会的话，还请您给我介绍介绍，我也好学习学习。"

"这个谈不上，我只是平时喜欢看些汽车杂志罢了。"邓肯说。

"您不用这么客气。学习的事以后再说，您先看看我这辆车，试试它的性能，看看能不能让您满意。"格林温和地说。

邓肯先是检查了一下汽车的基本状况，然后坐上去，开车兜了一圈。

"您觉得这车怎么样？有什么让您不满意的吗？"格林在车停

稳之后便走上去询问邓肯。

"整体还算不错，没什么大的问题。"

"那么，您觉得花多少钱买这辆车合适呢？"

"四千五百美元吧，这个价格买这辆车还是比较划算的。"

"这样啊，我本来想卖六千美元，既然您这么懂车，又是布莱克的同事，那就五千美元。您觉得怎么样？"

"行，成交。"

就这样，这笔生意顺利成交了。

在这笔交易中，即便格林真的要价六千美元，邓肯也会认真考虑一下的。而格林预想中的最高售价是五千美元，如果邓肯还价，他肯定会做出一定的让步。然而，格林积极求教的态度，让邓肯放松了戒备，最终双方以一个较高的价格成交。

在现实生活中，很多刚刚大学毕业投身职场的年轻人，总认为自己知识渊博，因此觉得没有必要也不愿意向公司的前辈请教。然而，年长的前辈通常喜欢那些向自己请教的人，他们能从请教中感受到尊重。当你将前辈视作老师，积极请教的时候，他们的心情无疑是舒畅的。作为老师，他们必然会对你照顾有加，凡事都会站在你的角度上进行一番思考。

所以说，懂得虚心请教的人，往往更容易赢得人心，更容易得到照顾和帮助。不失礼节地向人求教，将有助于你与他人建立起良好的关系，让别人对你产生谦虚好学的良好印象。

自 我 检 查

◎ 刚刚参加工作的时候，我会虚心向公司的前辈请教吗？

◎ 在别人向我请教时，我会倾囊相授吗？

> ● 自嘲是一种幽默的表现，更是一种智慧的体现，它可以展现美好的心灵，为自己塑造良好的形象，提升交际成功的可能性。

自嘲法则：适当自嘲，展现幽默的魅力

所谓自嘲法则，指的是人们面对自己的缺点或短处时，并没有采取掩饰的手段，而是以开朗、豁达的态度对缺点或短处进行适度的艺术加工，借此给别人留下美好的印象。

与陌生人沟通的时候，如果能让对方多一分好感，那么沟通成功的可能性就增加了一分。从实现沟通目标、获得沟通效果的角度来说，偶尔自嘲一下，其实也未尝不可。

在许多场合中，我们都能借助自嘲法则来表现个人修养。自嘲不仅可以展现我们的优秀口才，还能体现我们的聪明才智。在实际应用中，自嘲的优点主要有以下三个：

1. 反映自信

自嘲其实就是拿自己开涮，以此求得沟通对象一笑，使得交际活动充满乐趣。敢于自嘲的人往往对自己充满信心，不管如何调侃自

己，个人的魅力都不会受到影响。

2. 增加幽默感

自嘲通常是借助幽默的方式来开自己的玩笑，在幽默中展现自己的缺点或短处，更能彰显诚恳，这能让对方在会心一笑的同时对你心生好感。

3. 快速改善沟通的氛围

在一些相对严肃或重要的场合，首次见面的双方总会有一些紧张的情绪，如果你能巧妙地运用自嘲的手段，那就能快速改善沟通的氛围。

自嘲是一种非常积极正向的表现，可以体现你风趣幽默的一面。在社交场合中，合理地运用自嘲法则，能够有效拉近彼此之间的距离，让沟通对象感受到你的人格魅力。以自嘲的方式进行沟通，会给别人留下更好的印象。

> **自 我 检 查**
>
> ◎ 与陌生人初次见面时，我会借助自嘲的手段来加深对方对自己的印象吗？
>
> ◎ 对于自己的缺点，我会不愿提及并刻意掩盖吗？

> ● 对任何一个人来说，自信心都是非常重要的动力来源。自信者能够以积极的态度面对一切，这样的姿态显然有利于树立良好的形象。

自信一点，你会变得不一样

生活中，有些人常常对自己失去信心，总觉得自己什么都做不好，所以在遇到困难的时候就选择放弃，在交流的过程中始终不敢注视对方的眼睛。或许他们觉得这样就可以掩饰自己的不自信，其实这种做法是掩耳盗铃，只是他们自己浑然不知，或者是知道了也宁可装作不知道。

你自信与否，其实通过肢体语言就可以反映出来。不自信的人，常常低头走路、精神萎靡，遇到事情的时候，往往表现消极、退缩不前。你总是担心自己做不好，担心自己辜负大家的期望，所以无法全身心地投入其中。这种瞻前顾后的做法，显然不利于行动的展开，最终自然会"不出意料"地失败。如果能换一种心态，乐观自信地去面对自己需要面对的一切，那么最终反而有可能将事情做好。

相信自己，是一种无畏的表现，体现了一个人强大的心理素质。无论面对何种困境，始终保持自信，你将看到另一个机会、另一种可能。

2016年11月15日，中国国家男子足球队在云南昆明迎来了一场非常重要的比赛——在2018年俄罗斯世界杯预选赛亚洲区12强赛中对阵卡塔尔队。两支球队在小组赛中有过交手，而且近年来也有不少交手记录，所以双方算是知根知底。但是，这场比赛也有变数，那就是两支球队都经历了换帅风波，在打法上或许会有调整。最终，经过90分钟的激烈比赛之后，双方以0∶0战平。中国队在整场比赛中都占据优势，而且三次打中门框（其中一次被吹越位在先），可是无奈运气不佳只能接受平局。在这场比赛结束之后，中国队在所参加的五场比赛中仅仅获得两平三负的成绩，排名小组末尾，晋级机会渺茫。

在赛后采访中，有记者表示中国队的世界杯梦想已经破灭，并让中国队主教练里皮说一说自己的看法。里皮说："在这场比赛之前我们就知道，国足晋级世界杯有很多的困难，晋级希望不大，这场比赛结束之后局面就更加困难了。但是，我想通过今天的比赛告诉队员们，他们并不比其他对手差，球队踢出了漂亮的足球，证明实力在卡塔尔之上。球队完全配得上胜利，可惜有三次都打中了门框，确实很不走运。只要还有晋级的希望，我们就不会放弃，就会付出百倍的努力。关键的问题是，球队正走在正确的道路上，这个非常重要。"

随后，卡塔尔主教练在接受采访时表示，中国队的最后一场比赛将要面对卡塔尔队，根本没有机会晋级。对此，里皮表示："如果国足通过十天的集训能够有这样的表现,我相信随着时间的推移,大家还是可以有期待的。我觉得如果继续这样踢下去,确实还有机会晋级世界杯决赛。我不知道卡塔尔队的主帅哪里来的自信,不知道如何预测我们最后面对他们是没有机会的。我们今天有几次打到了门框上,这确实很遗憾。"

全场占据优势却仅打成平局,里皮自然很不甘心;尽管晋级机会渺茫,里皮却始终满怀希望;队员们拼尽全力地坚持战斗,里皮表现出十足的信心。尽管现实万分残酷,记者的提问也让里皮有些难堪,但是他并没有泄气,而是心平气和地表现出自己的信心和期望。面对卡塔尔主教练的挑衅,里皮没有退缩,而是针锋相对地予以回击,不仅再次表现出自己强大的自信心,还给对方造成了极大的震慑力。里皮的自信,不仅给队员们带去了鼓励,也给所有关心中国足球的人注入了一针强心剂!

在社会中生活,自信是非常重要的一种素质。只有时刻对自己保持信心,别人才能对你产生信心。所谓"自信者,人恒信之",想要赢得别人的信任和好感,自信是必不可少的法宝。

自 我 检 查

◎ 在日常生活中,我是一个自信的人,还是一个自卑的人?

◎ 面对一个自信的人时,我会不会时常被他感染?

> ● 许多人认为自己在某些方面占据着相当大的优势，于是变得高傲自大，觉得自己的能力和地位足以令人折服。殊不知，只有谦逊的人，才会受人欢迎。

谦逊让别人对你充满好感

有句话叫"谦虚使人进步，骄傲使人落后"，谦虚的人，总能积极学习，从别人身上汲取养分；骄傲的人，总觉得自己是最棒的，结果孤芳自赏，停滞不前。

谦逊是一种美德，在任何时候都会散发出令人着迷的光芒。在人际交往中，谦逊的人往往能够给人好感，吸引别人关注的目光。如果你想给人留下良好的第一印象，那么展现自己谦逊、低调的一面将是一个极佳的选择。

1. 谦逊的人会给上司留下好印象

一个总以傲慢姿态示人的下属，不仅会让身边的同事感觉厌烦，还难以从上司那里获得信任。而表现谦逊的人，会让上司觉得低调、勤恳，往往能够赢得上司的好感，给上司留下好印象。

美国南北战争时期，南方联盟的战将杰克逊以谦逊闻名。有些人说，"天赋的谦虚"是杰克逊最显著的特点。

在一次战斗之后，总司令对杰克逊的指挥能力赞不绝口，但是杰克逊从来没有向人提起过这件事。并不是杰克逊不重视功名，而是他对自己有清晰的认识，知道如何一步步实现自己的目标。

随着时间的推移，谦逊的杰克逊不仅赢得了越来越多的认可，还赢得了数次提拔的机会。

从中不难看出，能够取得巨大成就的人，往往能够保持谦逊的态度，即便已经取得了一定的成绩，他们也不会宣扬或是标榜自己。而那些目光短浅的人，往往喜欢炫耀自己，有时甚至会在上司面前刻意表现自己。两相比较，上司无疑会更加欣赏谦逊的人。

2. 少说多做的人给人留下值得倚重的印象

在同事面前，不该说的话绝对不能说，尤其是涉及工作任务时，千万不要抱怨。对于一些看不惯的现象，也不要总发牢骚，因为说得越多，越可能出错，越可能引起别人的反感。最保险的做法是少说多做，用实际行动来表明自己的态度。

比如，你看不惯同组的同事总是迟到，如果你指责他，可能会激起他反抗的情绪，而如果你每天早到十分钟把工作所需的材料收拾好，这种无声的批评反而会让他自觉改掉迟到的习惯。

少说多做的人，往往会用实际行动来代替口头说教，这会让人感觉舒适，而且不用担心这些人会将某些不该说的话说出去。对于这种可靠的人，人们往往会愿意表现出友好的态度，也愿意倚重他们。

3. 谦逊的人更容易赢得信任

法国哲学家罗西法古说："如果你要得到仇人，就表现得比你的朋友优越；如果你要得到朋友，就要让你的朋友表现得比你优越。"因为每个人都会在潜意识中维护自己的形象，如果你在别人面前过分地彰显你的优越感，那么无形中就会践踏别人的自尊，别人的排斥心理和敌视情绪就会随之而来，也就很难对你产生信任感。

如果你是一个谦逊的人，别人就不会感觉受到威胁，这样他才愿意相信你并与你建立良好的关系。所以，你千万不要处处炫耀自己的优势，而要依靠谦逊赢得别人的信任。

4. 过度谦逊会让人觉得虚伪

如果你不懂得谦逊，往往会被人视作骄傲自大，无法给人留下良好的印象。但是过度谦逊，就会让人觉得虚伪。恰当的谦逊，应该与地位、年龄、时机等因素相符，如果过度谦逊，就可能会被人指责为虚伪。

通常来说，过度谦逊的人，大多怀着表露心机的目的，因为他们很担心对方不理解自己的真正意图。一般人往往对这种虚伪的谦逊十分反感，而这类人实际上就是自欺欺人，总是希望以过度的谦逊来掩饰自己。

让别人对你产生好印象的秘诀之一就是在别人面前恰当地表现自己的谦逊。谦逊的你通常不会被人排斥，更容易融入群体，也更容易被社会接纳和认可。

尚未成功的人没有骄傲的资本，所以应该保持谦逊的态度；已经功成名就的人，也不应该骄傲自大，而要始终如一地保持谦逊的作风，因为未知的事物还有很多，所有人都应该积极主动地不断学习。用一句话概括就是，谦逊和知道如何谦逊，是赢得人们好感和尊重的重要手段之一。

自 我 检 查

◎ 当我取得成绩的时候，是不是总在别人面前炫耀自夸？

◎ 我是不是觉得自己是最棒的，根本不需要向别人学习？

_____

_____

> ● 善于沟通的人，总是愿意在沟通的过程中保持低调。这种处事风格能够展现一个人高尚的内心世界，而这种高尚的境界，往往最能给人带来震撼。

放低姿态的人，往往可以站得很高

在与陌生人沟通的过程中，有一点一定要时刻谨记：与对方交谈的时候，一定要尽量保持低调，而不能颐指气使地和对方说话。如果你始终以居高临下的姿态示人，不仅会让对方的自尊心受损，还会给对方留下你不好沟通的坏印象。

但凡能够给人留下良好印象的人，绝对不会让自己展现出傲慢的一面。他们很清楚，想要顺利地进行沟通，就要和对方保持平等的地位，让对方放松心态，进行更有效的沟通。尤其是在沟通双方的身份、地位相差悬殊时，如果地位较高的一方能够主动放低姿态，那么就能收到意想不到的沟通效果。

美国前总统里根在必要的时候能放下自己的身段，以较低的姿态和别人进行交流。

有一个名叫比利的男孩子，因为身患重病而住进医院。在他病入膏肓的最后时刻，家人们想方设法地满足他的每一个愿望。但是，当他说出自己最大的愿望是当一次总统时，家人们顿时感到无计可施。尽管他们非常希望能帮助比利实现愿望，但是以他们的能力根本无法做到。

这件事情通过某些渠道传到了里根总统的耳朵里，于是他亲自邀请比利到白宫实现自己的梦想。拖着羸弱的身体来到总统办公室时，比利的脸上露出了满足的微笑。更出乎人们意料的是，里根总统并不只是摆摆样子，让比利在办公室里坐一坐，而是真的让他做一天的总统，自己则安心做起了比利的助手，"帮助"比利处理所有的公务。

整整一天的时间里，里根总统都在做这种像游戏一样的工作，直到比利返回医院才算正式结束。媒体报道了这件事之后，里根总统的支持率大幅度提升，因为民众觉得里根总统是最亲民、最有人情味的总统。

里根总统的低姿态让民众对他产生了"最亲民、最有人情味"的印象，从而提升了他的支持率。由此可以看出，放低姿态非但不会降低自己的身价，令别人轻视我们，导致自己在沟通中处于劣势地位，反而会为个人形象加分。

一位哲人说过，放低姿态是一种大智慧，是一种正确认识自己的行为。假如我们总是高高在上，别人自然觉得我们难以接近，进而失去沟通的兴趣，这会让我们的人际关系变得越来越糟。

实际上，我们自己应该也有相同的感受，因为我们身边从来不缺少高高在上的人。当他们出现在我们身边的时候，我们会觉得非常难受；当他们远离我们的时候，我们反倒觉得十分轻松。而对于那些低调的人，我们对他们的态度则截然相反。

在日常生活或是沟通的过程中，如果我们可以适当地放低姿态，不把自己看得比谁都重要，那么别人就会对我们报以亲切的微笑，这会使沟通变得更加轻松自在，也会让我们的形象变得更加深入人心。

自 我 检 查

◎ 与人交往时，我是喜欢高高在上还是平易近人？

◎ 对于一个地位很高却放低姿态的人，我会有什么样的想法？

第六章
人生观:良好印象源自科学的认知

一个人的人生之路如何走下去,与其人生观有着十分紧密的关系。人生观正确、积极的人,往往可以更加准确、平和地看待身边的人和事。这样的人往往会给人留下良好的印象,受到人们的欢迎。要做到这一点,并非一朝一夕之功,而是需要长期的学习和积累,经受诸多历练之后,才能形成正确的人生观。

> ● 人们常说"话不在多而在精"。在初次与人见面时,如果你喋喋不休地重复同一句话,就会让人觉得厌烦,这样便没有人愿意与你继续交谈了。

超限效应:拿捏分寸很重要

初次与陌生人相见,语言沟通是十分重要的一种交流方式。通过语言,你可以向对方介绍自己的基本情况,展示自己的优点,也可以陈述自己的观点。通过详细而准确的介绍,让对方迅速而清晰地了解你的整体情况。

但是,在实际生活中,很多人并不能很好地把握其中的分寸,说话的时候总是啰啰唆唆、口无遮拦,结果令对方心生厌烦,不愿继续进行沟通。

所谓超限效应,是心理学上的一种说法,它指的是语言的刺激太多、太强或是刺激的周期太长,都会令人产生极度烦躁和逆反的心理。

如果你所说的话超出了对方对美好印象的预期,通常会起到完全相反的作用。

一次，著名作家马克·吐温去教堂参加一个募捐活动。活动刚开始的时候，牧师的演讲非常感人，马克·吐温深受触动，准备把身上带的钱全都捐出去。没想到十分钟之后，牧师依然滔滔不绝地讲着。马克·吐温对此有些厌烦，所以决定只捐一些零钱。又过去了十分钟，牧师还在口若悬河地演讲，而且丝毫没有要停下来的意思。于是，马克·吐温决定一分钱都不捐了。两个多小时之后，牧师终于结束了自己的长篇大论，开始进行募捐。马克·吐温感觉非常生气，他非但没有捐钱，反而因愤怒从募捐盘里拿走了两块钱。

牧师可能没有想到，假如他的演讲只持续十分钟，也许他能募集到更多的资金。牧师从自己的角度出发，希望向听众传递更多的信息，让他们更加理解自己的主张，没想到却因为忽视了听众的感受，说了太多的话，而让很多人失去了兴趣。

提到话多让人烦的例子，相信很多人都会想起《大话西游》这部电影中的唐僧形象。唐僧啰唆的程度简直到了令常人难以忍受的地步，当他唠唠叨叨时，身边的人总会变得极度烦躁，更有甚者，很多小妖怪被他折磨得宁可选择自杀。即便如此，唐僧依然不停地说。

为了创造更好的艺术效果，导演在电影中对唐僧的啰唆进行了部分夸张。但是，即便生活中出现的只是一个像马克·吐温遇到的牧师那样的人，相信很多人也是唯恐避之不及吧！

在实践中，许多人总觉得重复可以加深印象，这看似很有道理，毕竟我们上学时就是这样记忆知识的。可是有一点我们也不能忽视，那就是我们上学时并不喜欢这种枯燥的重复记忆方式。

毫无节制的重复往往会让人觉得讨厌，导致出现"一只耳朵进，一只耳朵出"的情况，甚至有可能让对方觉得你说的话没有任何意义，于是直接屏蔽了你的话。

与人交谈时，应该在短时间内传达出自己想说的内容的重点，如果你絮絮叨叨说个没完，就会让对方产生厌烦和抵触情绪，说得越多，越会令对方的思想远离自己谈论的话题。无论在什么情况下，都要注意把握说话的分寸，千万不要忽视超限效应给对方带来的影响。一旦越过界限，对方出现走神之类的现象就是再正常不过的了。如果沟通效果没有达到自己的预期，千万不要怪罪对方，倒是应该先从自己身上找找原因。

自 我 检 查

◎ 与人交流时，我能准确掌握说话的分寸，不让人觉得厌烦吗？

◎ 平时说话时，我有不断重复的习惯吗？

> ● 能够坚守信念的人，往往具有强大的精神力量。然而，并不是在所有的情况下都适合坚持己见。适当地做出一些变通，有时反而会给人留下正面的印象。

灵活变通，给人留下积极的第一印象

这个世界上，总会发生一些出乎意料的事情。此类事情发生的时候，你会怎么做？手足无措，怨天尤人，还是选择灵活变通、积极应对？

关于变幻莫测的生活，相信很多人都有深刻的体会，但是真正能够巧妙甚至完美应对的人，则是少之又少。并非因为我们没有应对的能力，而是因为大多数人对自己的生活都有一定的规划，而且非常希望自己可以掌控生活中的一切。然而，不可能所有的事情都按照既定的规划展开和进行，一旦出现突发状况，我们就必须做出选择：是固执己见，还是灵活变通？

大家都知道，第一印象的形成只需要极短的时间，而大部分人能够注意到的事情或关注的范围是极为有限的。对于初次见面的陌生人，尤其如此。当事情按照自己的计划逐步进行的时候，一切看起来都是那么完美，一旦出现了意料之外的情况，很多人可能就会表现出自己的另一面。

这种情况下的表现往往很容易被陌生人作为评判我们的标准，因为不了解，所以会做出草率的判断。

张磊是一个推销员，一天，他约一位潜在客户见面，想要推销一些产品。

见面之后，两人稍作寒暄，便来到附近的一家咖啡馆，并分别点了自己喜欢的咖啡。没想到，张磊点的咖啡已经售罄。这让张磊颇感不满，他对服务员发起牢骚："我就喜欢喝你家的这种咖啡，其他的咖啡我根本没有兴趣！你就不能想想办法吗？"虽然服务员一再道歉，但是张磊不依不饶，和服务员纠缠了十来分钟。

张磊的行为让坐在对面的客户颇感难堪，并且就此认定张磊是一个很难沟通的人，于是，在草草聊过几句之后，客户便找个借口离开了。

仅仅因为一杯咖啡，张磊便给客户留下了糟糕的印象，从而错过了一笔潜在的交易。对于张磊来说，这是一个很大的教训。如果他能稍微变通一下，而不是固执地非要自己最喜欢的那种咖啡，客户也就不会对他产生"很难沟通"的印象，说不定这笔交易最终就成交了。

如今这个时代，信息快速传播，各种知识以超乎想象的速度进行更迭，面对诸多新知识、新状况，很多人都有应接不暇的感觉。

在这种情况面下，一个人的变通能力显得越发珍贵。如果能在意外状况发生之后的极短时间内就做出相应的判断并采取应变措施，那无疑会给对方留下相对良好的印象。

当然，变通能力并非天生就有，它与心态、经验、知识等诸多方面都有着非常密切的关系，需要经过相应的锻炼才能具备。

变通能力的锻炼方法

❶ 多在公共场合说话　❷ 积极参加各种聚会　❸ 训练联想能力　❹ 提高身体协调能力

1. 多在公共场合说话

在公共场合中，我们会遇到形形色色的人，多与不同类型的人打交道，将有助于我们积累经验，在以后遇到相似的情况时，可以迅速做出反应，灵活地进行应对。

2. 积极参加各种聚会

在聚会中，我们见到的大多是认识甚至熟识的人。在这种环境中，我们可以更加轻松、平和地与人沟通，在增加经验的同时，也练就了更加平和的心态。

3. 训练联想能力

在遇到突发状况的时候，联想能力能够帮助我们迅速联想起相似的情况，这样一来，我们应对的方式得以增加，应对的空间得以扩大，变通的能力自然也就得到了提升。

4. 提高身体协调能力

在沟通过程中，身体语言的重要性是不言而喻的。当遇到突发状况时，我们完全可以借助身体语言来应对可能出现的危机。而且，身体协调能力越强，应对危机就越巧妙。

通常来说，灵活的变通方式能够给人带来平易近人的感受，而一个固执己见的人，则会让人觉得难以交流。当然，这并不是说要为陌生人改变自己的喜好，而是说不要因为执着于自己的喜好而给对方留下不好的印象。如果你想在初次见面时就给人留下积极的印象，那么你最好努力表现得比平时更加灵活变通一些。

自 我 检 查

◎ 无论在什么情况下，我都会坚持自己的意见，不肯改变吗？

◎ 当事情超出我的控制范围时，我常常会手足无措吗？

> ● 每个人对自己的地位都有不同的认知，由于认知不同，在别人面前表现出的姿态也就有所不同。有些人觉得自己在某些方面占有优势、高人一等，于是会给别人留下高傲的印象。

自我地位认知一：高人一等

在一般情况下，当你与陌生人初次见面时，往往会不自觉地表现出高傲的一面。这是因为以这种姿态示人，会给你带来心理上的优势，让你充满自信地与别人进行沟通。

然而，并不是所有的场合都适合以这种姿态示人。如果是参加一个能够展现你专业技能的论坛或会议，那么这样做可以体现权威性。但是在诸如约会、谈判之类的场合，这种姿态就是不合适的。它会让别人觉得你是一个傲慢无礼的人，这种感觉会减少别人的交流兴趣，使得你在无形中失去很多沟通机会。

高人一等的自我地位认知是很常见的情况。只不过，不同的人会有不同的表现形式，在不同场合中的表现也会有所差异。

1. 先发制人

一些人喜欢在开口讲话之初就表明自己的身份，这也许是为了让对方知道自己的职业和地位，以此证明自己比别人地位更高、权力更大。比如：他们会说"我是××公司的总经理"，而不会说"我在××公司工作"；他们会说"我住在××别墅区"，而不会说"我住在××大街"。采用这种方式，就是为了一开口就能震慑对方，使自己处于优势地位，展现自己的高姿态。

2. 反应式

这类人通常不会主动说话，而是习惯于根据对方的情况做出相应的反应，以便时刻与对方保持平等的地位或是寻找对方不如自己的地方，以显示自己高人一等。比如，当别人说"我前几天去泰国旅行了"时，他们会说"我已经去泰国旅行好几次了，感觉没什么意思"。采用这种方式，其实是为了在比较中凸显自己的优势，通过对比打压对方。

无论是上述哪种表现方式，都容易引发对方的不满，降低对方沟通的欲望。因为高人一等的姿态难免让人感觉不愉快，即便是展现真实的自己，也难免让人产生被胁迫的感觉。

也许你潜意识中就有一种优越感，只是自己没有注意到而已。当你不自觉地表现出高人一等的姿态时，别人难免心生厌烦。想要了解别人对你有何看法，就要知道哪些信号表明了你让人感觉不自在。

当你发现对方有以下几种表现时，你就应该注意一下自己的姿态是不是有些高高在上或是颐指气使。

（1）对方表现出反抗的姿态，或是想要表现得比你更加优秀。

（2）对方在谈话过程中想要换一个话题，或是拒绝谈论那些让他们感觉不如你的事情。

（3）对方开始审视自我，身体显得非常僵硬，而且不愿多说话。

自 我 检 查

◎ 与人交往时，我会在某些时候表现得高人一等吗？

◎ 我之所以表现出高人一等的姿态，是因为想掩饰自己的不安吗？

> ● 在地位平等的情况下，沟通双方的心态相对比较平和，沟通起来也会相对轻松。这种氛围对于沟通大有好处，也有利于树立良好的第一印象。

自我地位认知二：彼此平等

这个世界上，每个人都是平等的。也许因为职务的不同而有上下级的关系，但是这种"不平等"只是分工不同造成的，与人格平等并不矛盾。

如果能在刚刚开口的时候就传递出"我们是平等的"的信息，相信对方会愿意与你站在同一条战线上。有了这个共同的认知，双方往往更容易达成一致的意见。让自己与对方处于平等的地位，能够构建起相对舒适的关系，而这种关系是实现良好沟通的重要基础，也是你应该努力达成的目标。

那么，应该如何达成这个目标呢？

面对素昧平生的人，不可能刚一见面就对对方有充分的了解。所以在找到互相平等的立场之前，首先要进行一些情感上的试探。就算你传达出能够平等看待对方的信息，他也可能觉得高你一等或是自愧不如。这是由对方的心理状态决定的，并不在于你是否平等看待他。

如果你感觉在对方的眼中你比他强，那你就应该适当展现自己谦逊的一面，让对方感受到你愿意放低姿态的态度；你还可以幽默地自嘲，并努力把对方的关注点转移到别处。如果你感觉在对方的眼中他比你强，那你不需要努力表现自己的优势，你只要能够找出双方的共同点，并且告诉对方你和他持相同的态度或观点，那么你们的心理距离就能迅速拉近。

当然，你的自我表现方式、发言内容及关注点并不一定能够如自己想象中那样顺利地展现出来，因为你的行为会在无意识中受到一些因素的影响，其中一种因素就是别人表现自我的方式。

关于这一点，研究人员做过一个实验：

研究人员邀请一些大学生参与实验，调查他们在学校里的经历和感受。在调查开始之前，研究人员给参与实验的大学生看了一段话，内容是其他人在学校里的经历和感受。其中一部分内容十分正面，如"我交了很多好朋友，和同学的关系非常融洽"等；另外一部分内容则十分负面，如"我和某些同学的关系非常糟糕"等。在随后进行的调查中，谈到自己在学校的经历和感受时，那些读到正面内容的大学生明显比读到负面内容的大学生更加积极。

实验结果表明，参与实验的大学生明显受到了调查前阅读的那段话的影响。但是很多人并没有意识到自己受到了影响，而是觉得自己的态度是中立的，没承想自己实际已经受到外界影响而留下了有偏差的印象。

就像参加实验的那些大学生一样，很多时候你也没有意识到别人对你表现自我的方式产生了巨大影响。同样的道理，你也可以在别人毫不知情的情况下，促使别人展现出积极的一面。

在地位平等的情况下，沟通的氛围更加融洽，沟通起来更为轻松，如果你能让双方处于平等的位置，那么对方自然会对你产生较好的印象，与你进行更好的交流。

自 我 检 查

◎ 与人沟通的过程中，我能做到以平等的姿态面对别人吗？

◎ 当我感觉别人的地位比我高时，我会觉得自惭形秽吗？

> ◉ 人人都希望自己出人头地，而没人愿意自己低人一等，这是人之常情。但是在某些情况下，适当展现低人一等的姿态，将有助于树立良好的第一印象，使沟通顺利进行。

自我地位认知三：低人一等

当我们希望表现自己的谦逊时，有可能会做出低人一等的姿态；在我们尝试着表现出与人平等的姿态时，也可能因为把握不好其中的度，而表现出低人一等的姿态。无论是何种原因，每个人都可能在某些时候产生低人一等的自我地位认知。

相信大多数人都有相同的认识，那就是低人一等这种姿态并不具有吸引力。也正是因为如此，很少有人会在初次与陌生人见面时就直接贬低自己，以免给人留下不好的印象。更为常见的一种情况是，人们会主动避开那些让他们感觉不舒服的人，以此传递出他们觉得低人一等的信息。

当你觉得别人对你的地位产生威胁的时候，或许你并不知道做出怎样的回应才算得体。实际上，你并不需要做出反抗的姿态或是保持沉默，而是可以通过坦然承认对方的地位来表现自己的信心。比如，有人告诉你他是公司的总经理，而你不过是公司的业务主管，从地位上看，你显然不如他，那么你就可以直截了当地对他说："您的工作太棒了！每天都有很多有意思的事吧？"

仰视别人的另一种方法，就是展现谦逊的姿态或是适当降低自己的地位，这样做能够博得别人的好感。为什么这样说呢？因为有些人很讨厌自己不如别人，而对那些在某些方面不如自己的人，则会心生好感。所以说，如果你愿意适当放低身段，那么和这类人相处起来就会轻松自在得多。另外一个原因，谦逊本身就是一个吸引人的优良品质。当你表现出自己的谦逊时，你所传递的信息就是你并不自负，也不会以自己为中心。这会让你显得平易近人，很容易进行沟通。

当我们与陌生人见面时，总是希望展现自己优秀的一面，给对方留下好印象，而放低身段就能帮助你达成目标。在与人交往的时候，以下几种方式会有一定的借鉴意义。

1. 简单直接

介绍自己时应该简单直接，而不要添枝加叶。比如，你可以说"我是做零售行业的"，而不要说"我开了好几家零售店"。

2. 幽默自嘲

在沟通过程中，可以适当开些玩笑，或是自嘲一番。比如，你约会迟到了，可以说："实在对不起，我跟路不是太熟，你跟它的关系应该不错吧。"

3. 承认失误

在出现失误的时候，没有必要遮遮掩掩，勇敢承认反而能够展现个性的优点。比如，你可以说："我真是太笨！这个问题我竟然没有考虑到，如果是你，肯定不会出现这种失误。"

4. 赞扬对方

如果对方在某些方面表现得不错，那么你就可以从这些方面赞扬对方。比如，如果对方的衣着十分新潮，那么你可以说："你的衣服很漂亮，搭配效果很好。"

放低身段是为了让双方保持相对平等的姿态，在减少对方心理压力的同时，为自己树立一个良好的形象。但是，放低身段并不是一味地贬低自己，而是要准确把握其中的度，只有适度"低人一等"，才能起到积极且有效的作用。

自 我 检 查

◎ 无论什么时候，我是不是都不愿意表现出低人一等的样子？

◎ 在我看来，低人一等是一件令人十分惭愧的事情吗？

> 👁 在生活中，每个人都有自己关注的重点，能够反映出的，就是人生观。关注点的不同，将会对第一印象的形成产生相应的影响。

关注点不同，传达的人生观也不同

人生观包含诸多内容，其中有积极的，也有消极的。不同的人，会有不同的关注点，而关注点所反映的，其实就是一个人的人生态度。

在这个世界上，有美丽也有丑陋，有欢乐也有痛苦，有让人喜欢的事物，也有让人讨厌的事物。你可以选择自己关注的内容以及想要与人谈论的话题，而别人也会根据交谈的内容，对你做出相应的判断。

玛丽刚刚搬到一个新的城市，并很快和同事成了好朋友。

一天，她到同事在湖边的小屋做客。聊着聊着，同事的邻居凯蒂走了过来，和她们打招呼。同事邀请她一起坐坐，于是三个人热切地聊起了天气、新闻等。凯蒂十分随和，总能以积极的态度对待身边发生的事情。玛丽觉得凯蒂十分友好，有种一直聊下去也不会厌烦的感觉。

几个人聊得正开心，同事的另外一个邻居露丝也走了过来。她和大家打过招呼之后，也被邀请加入谈话。露丝很喜欢抱怨，抱怨对象包括工厂的噪音、邻居家的小狗等。听到露丝所说的话，玛丽觉得很不开心，她觉得自己和同事的时间都被露丝浪费了，这让她对露丝充满反感。

无论在什么场合，你所说的话都会传达出鲜明的个人信息。你积极地看待一切，那么在别人眼里你就是一个充满活力和吸引力的人；你只会抱怨，那么在别人眼里你就是一个消极低沉和让人厌烦的人。

通常而言，悲观主义者会被视作社交场合的负担，乐观主义者则被认为能够在社交活动中带来诸多益处。

当然，用积极的态度引导话题展开非常重要，但并不是完全不能出现中立或批评的观点。只有各种观点相互融合、搭配，才能真实地展现自己。而真实的人，往往受人欢迎，会给人留下较好的印象。

自 我 检 查

◎ 通常而言，我更关注生活的哪个部分？

◎ 面对一个关注点和我有所不同的人，我能找到双方的共同点吗？

> ◉ 每个人都渴望具有强大的掌控力，希望能够掌控一切，但是现实情况是，有些人能够掌控自己，有些人却不行。能否掌控自己，将会对第一印象产生巨大的影响。

正确掌控，展现截然不同的第一印象

一个人对自己控制力的高低，可以显示他的不同姿态，是能够掌控自己还是无法掌控自己，传递出的信息是截然不同的。

一个能够控制自己的人，往往具有强大的意志力和坚定的心理，无论遇到什么复杂的情况，他们总能凭借超强的控制力有效化解。这是他们展现自身魅力的方式，能给别人留下一个与众不同的印象。

关于控制力，有三点内容需要我们注意。

1. 过度掌控的表现

在某些时刻，相信你有这样的体验：你喜欢按照自己的方式安排一些事情，而且认为自己的安排是最好且最有利的，觉得其他人也要按你的想法去做才行。殊不知，你的某些做法已经对别人产生了负面影响，这样做不仅无法给别人留下好印象，反而可能因此给自己树立负面形象。

2. 失控的表现

失控也是一种有违常态的表现，这说明你的生活已经超出了你的控制范围，在当时的环境中也无法对别人造成影响。在这种情况下，你传递出的信息则是无法掌控自己。

在××公司工作的六年多时间里，莫莉一直期待晋升，可是经理始终没有给她这个机会。莫莉对此很不满，每当有人提起升职的事情时，她总会抱怨一番，说公司这不好那不好，埋怨经理不知道慧眼识珠，等等。在相当长的一段时间里，莫莉都无法全神贯注地工作，生活也因此受到了影响。鉴于莫莉的种种不佳表现，公司最终只能辞退她。

莫莉对晋升的期望值过高，这使得她对别人的升迁充满了不满，她的种种言行已经证明，无论是对工作还是对生活，她都已经失去了控制力。这样一个人，显然会给人留下不好的印象，公司辞退她，也是预料之中的事情。

3. 掌控局面的表现

无论是过度掌控还是失控，都无法给人留下好的第一印象，因为这两种表现方式都令人感觉不适，给人一种压抑的感觉。只有恰到好处地掌控局面，才能塑造良好的形象。

给人留下可以掌控局面的印象，其实就是告诉对方你能够将自己照顾得很好，你不仅是自己生活的主人，还有能力满足其他人的需求。如果上面提到的莫莉能够恰到好处地掌控自己，那么她就不会落入不受欢迎的境地。

能够掌控局面的人会将注意力放在自己身上，而不会被外界的因素影响。他们能够做到时刻关注自己的表现，通常会给人留下比较自信的第一印象。

> **自 我 检 查**
>
> ◎ 根据以往的经验，我是一个善于掌控生活的人吗？
> ◎ 当事情超出我的控制范围时，我会惊慌失措吗？

第七章
话题选择：聊得投机才能缩短心理距离

每一次沟通，都需要一个相应的话题。无论这个话题的主要内容是什么，只有选择得当，才能引起对方的兴趣，实现良好沟通的目标。可以说，一个好的话题，有助于沟通的深层展开；一个糟糕的话题，则会让沟通难以继续，甚至失去传递信息的渠道。

> 👁 想要与人进行良好的沟通，拥有共同话题是非常必要的。只有形成某种共鸣，才能迅速展开话题，并以最快的速度拉近彼此之间的距离。

挖出相似经历，交流自然水到渠成

每个人都愿意和自己喜欢的人进行沟通，喜欢听有好感的人说话。想要成为别人眼中那个受欢迎的人，我们就要在沟通的过程中加入一些能够拉近距离、联络感情的内容。

俗话说"物以类聚，人以群分"。那些具有相同经历的人往往能够构建成一个群体，而且能够更好地交流和相处。为了达到沟通的目的，我们应该在寻找相似的经历——如打工、求学、挫折等上下功夫。

听到相似的经历，对方便会感同身受，在感情上更容易接受和理解我们，也会对我们所讲的内容更加认可和期待，对我们产生更好的印象。

在一次毕业典礼上，华中科技大学的校长发表过这样一次演讲：

我知道，你们还有一些特别的回忆。你们一定记住了"俯卧撑"、"躲猫猫"、"喝开水"，从热闹和愚蠢中，你们记忆了正义；你们一定记住了"打酱油"和"妈妈喊你回家吃饭"，从麻木和好笑中，你们记忆了责任和良知；你们一定记住了"姐的狂放""哥的犀利"，未来某一天，或许当年的记忆会让你们问自己，曾经是姐的娱乐，还是哥的寂寞？

亲爱的同学们，你们在华中科技大学的几年给我留下了永恒的记忆。我记得你们为烈士寻亲千里；我记得你们在公德长征路上的经历；我记得你们在各种社团的骄人成绩；我记得你们时而感到"无语"时而表现得焦虑，记得你们为中国的"常青藤"学校中无华中大一席而灰心丧气；我记得某些同学为"学位门"、为光谷同济医院的选址而激愤；我记得你们刚刚对我的呼喊："根叔，您为我们做了什么？"——是啊，我也得时时拷问自己的良心，到底为你们做了什么？还能为华中大的学子们做什么？

……

同学们，你们中的大多数人，即将背上你们的行李远行。请记住，最好不要再让你们的父母为你们送行。面对岁月的侵蚀，你们的烦恼可能会越来越多，考虑的问题也可能会越来越现实，角色的转换可能会让你们感到有些措手不及。也许你会选择"胶囊公寓"，或者不得不蜗居，成为"蚁族"之一员。没关系，成功更容易光顾磨难和艰辛，正如只有经过泥泞的道路才会留下脚印。请记住，未来的你们大概不会再有批评上级的随意，同事之间大概也不会有如同学之间简单的关系；请记住，别太多地抱怨，成功永远不属于整天抱怨的人，抱怨也无济于事；请记住，别沉迷于世界的虚拟，还得回到社会的现实；请记住，"敢于竞争，善于转化"，这是华中大的精神风貌，也许是你们未来成功的真谛；请记住，华中大，你的母校。什么是母校？就是那个你一天骂他八遍却不许别人骂的地方。

……

亲爱的同学们，也许你们没有那么多的记忆，也许你们很快就会忘记根叔的唠叨与琐细。尽管你们不喜欢"被"，根叔还是想强加给你们一个"被"：你们的未来"被"华中大记忆！

校长所说的内容是同学们大学生活点点滴滴的综合，以及走入社会之后会面临的种种可能，可谓十分接地气，让同学们充满了亲切感。虽然话语中缺乏华丽的辞藻，也没有精心雕琢的修饰，可是同学们听了之后依然禁不住潸然泪下。这是因为校长所讲的是同学们一起经历过的种种过往，这种相同的经历引起了同学们的强烈共鸣。

在日常生活中，某些具有特殊性的事件，如第一天上班、第一次约会等，总会给人留下深刻的印象，有些印象甚至会深深地刻印在人们的脑海中，对人们产生难以估量的影响。如果我们可以好好利用这些特殊事件，那么很容易就能感染别人，让别人和我们站在同一条战线上。

自 我 检 查

◎ 与陌生人沟通时,我会不会巧妙利用彼此的相同经历?

◎ 当别人跟我讲起相同的经历时,我会不会觉得他是在故意套近乎?

> ● 人人都想展现自己的优点，这无可厚非，但是想将自己的优点表现出来，并非一件轻而易举的事情。懂得以对方为重，才能让对方乐于听、乐于说。

以对方为重，不急于展示自己

与别人初次见面时，我们的第一想法就是充分展现自己的优点，如慷慨、友善、平易近人等，以求给人留下较好的第一印象。

有的时候，我们会自吹自擂；有的时候，我们会顺势插话；有的时候，我们会把话题转移到自己擅长的领域……无论何种风格，我们的目标只有一个，那就是竭尽全力引起对方的注意，让双方的沟通变得轻松而热烈。

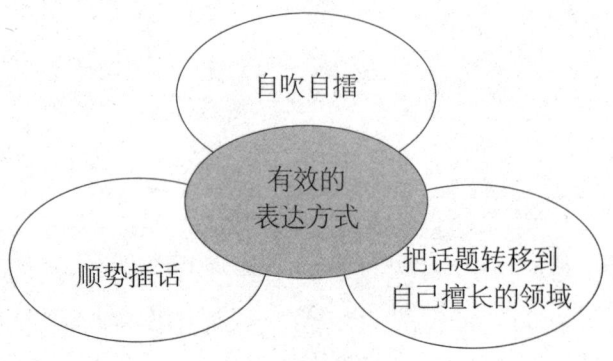

1. 自吹自擂

对于自己取得的成就，我们总是十分骄傲，希望所有人都能知道。这种心理促使我们在取得一些成绩时便有意无意地在别人面前炫耀，这难免让别人觉得我们是在自吹自擂。实际上，大多数人都很明白，公然自夸容易让人反感，很可能弄巧成拙。所以，人们摸索出一些技巧，以便借助更隐蔽的方式去表现自己的优点。

（1）提及自己认识的知名人物以自抬身价。比如，我们会在交谈中看似漫不经心地提到自己认识的名人。

（2）列出证据以表明自己的身份。比如，我们会在说明自己的经历时提到自己的学位。

（3）转述别人对自己的赞美。比如，我们会说："经理说了，我的这个方案是最有创意的。"

发表这些言论，通常是为了让对方觉得我们是与众不同或富有魅力的人，但从实际效果来看，往往显得我们缺乏自知之明。

2. 顺势插话

有些时候，我们会通过插话的方式来展现自己。有些话虽然看似和话题相关，但是真实目的是通过插话来分享自己的某些信息。运用这种方式时，需要把握好时机及其中的度。如果在不该打断对方的时候打断了对方，那么很可能会引起对方的反感。这样一来，非但无法传达想要传达的信息，还会给自己的形象带来负面影响。

3. 把话题转移到自己擅长的领域

在自己擅长的领域，我们往往会有很多话可说，所以在潜意识中，我们总会不自觉地将话题引向自己擅长的领域。这是一种正常的心理现象，但是在对方看来，这种方式恐怕有些难以接受。一是因为我们擅长的领域对方并不一定擅长，二是因为转移话题会让对方觉得不受尊重。所以，在转移话题之前，一定要做好两手准备：如果能顺利转移，便悄无声息地转移过去；如果发现转移之后效果并不好，那就应该将话题再转移回来。

要知道，在沟通过程中，对方的位置比我们的更重要，只有让对方觉得满意，让对方觉得话题有意思，谈话才能继续下去。如果只是按照自己的方式去表达，很可能会给对方留下自私自利等负面的印象，这与建立良好第一印象的初衷是相悖的。

自我检查

◎ 与人沟通时，我通常是主动分享自己的信息，还是等对方问的时候才分享？

◎ 准备插话的时候，我会认真倾听对方在说什么吗？

> ◉ 面对陌生的环境、陌生的人，每个人的心理都会出现一些波动。如果能将所有的精力都用于寻找共同语言，说不定会得到出乎意料的收获。

找出共同语言，获得认同更容易

第一次与陌生人见面时，心理上自然会有一定的距离，茫然无措或是不知所谓的情况时有发生。在发生这种情况的时候，有些人会变得惊慌忙乱，不知道如何打破这种僵局。实际上，一旦找到了共同语言，沟通就会变得简单，交流就会变得轻松愉快。

其实，稍稍留心就会发现，每个人在面对陌生环境、陌生人时都会感到不适，这是人之常情。我们要做的就是，降低甚至消除这种不适感对自己的影响，以求更快地找到与陌生人之间的共同语言。比如，对方是身材健硕的男性，可以和他聊聊健身；对方是口音相似的人，可以和他聊聊故乡；对方是时尚的年轻人，可以和他聊聊游戏、动漫；等等。只要能够找到共同语言，接下来的沟通就会变得容易很多，沟通的过程也会令双方感觉更加惬意。

小亮已经三十多岁了，还没有找到合适的对象。父母十分着急，总是张罗着让他参加各种相亲活动。

小亮对交往对象有自己的要求，而且他并不善于和人沟通，所以相亲活动虽然参加了很多次，但是一直没有找到合适的人选。一次，小亮的父母让他去附近的公园参加相亲活动。小亮想，反正距离不远，就带着小狗出去，当是遛狗了。没想到，刚进公园，他的小狗就不见了踪影。小亮心急如焚，四处寻找，终于看到自己的小狗正在一个角落里和另一只小狗玩耍。而在离小狗不远的地方，站着一位美丽的姑娘。那姑娘静静地看着两只小狗玩耍，脸上带着甜蜜的微笑。

小亮猜想，这位姑娘应该是另一只小狗的主人。于是他轻轻地走到那位姑娘身边，和她小声攀谈起来。

"那只小狗是你的吗？真是太可爱了。"小亮指着和自己的小狗玩耍的那只小狗问。

"是啊！另外一只小狗是你的？"姑娘反问。

"是的。你的小狗今年几岁了？"小亮继续问。

"才一岁多点。你的呢？"姑娘又反问。

"刚刚两岁。家里还有一只将近六岁的狗。"小亮回答。

"你还挺喜欢狗啊！我还想再养一只呢！"姑娘有些惊讶地说。

"这样啊，如果你需要建议，我可以与你分享经验。"小亮说。

"那真是太好了！"姑娘高兴地说。

"那咱俩加个微信好友，行吗？"小亮征求姑娘的意见。

"好啊，咱们以后可以多交流。"姑娘开心地说。

加了微信好友之后，两个人时常聊些关于养狗的事情。久而久之，两个人越来越投缘，最终成就了一段好姻缘。

小亮最初没对相亲活动抱什么期望，也没想到自己能找到一个称心如意的对象，但是，由于小狗，他一下就打开了姑娘的心扉。虽然他不善言辞，但是有了共同话题的两人，最终走到了一起。

实际上，陌生人并不可怕，可怕的是不敢迈出交往的第一步。面对陌生人确实需要一定的勇气，但是如果见到陌生人就惊慌失措甚至撒腿就跑，那么哪里还有交往的机会和可能呢？以平和的心态面对陌生人，从简单的沟通中寻找蛛丝马迹，努力找出两个人的共同点，那么两人就会有话可说，沟通就不至于陷入冷场的境地，你也会给对方留下美好的印象。

自 我 检 查

◎ 面对陌生人时，我有办法找到和他的共同语言吗？

◎ 对跟我有共同语言的人，我是不是会更加喜欢一些？

> ● 向别人传递信息的时候，需要注意自己的表达方式，不能一味地自说自话，而将对方晾在一边。要知道，对方并不想当倾听者，只有站在对方的角度上，才能说出让他想听的话。

"对别人说"的四种风格

与亲朋好友交流的时候，你常常会说一些自己感兴趣的话题，如足球、美食、服装等，而且会详细地阐述，以表达自己的想法。同时，亲朋好友也会积极地给予回应，说明自己的观点。

但是，在面对陌生人的时候，如果你以同样的方式展开谈话，往往无法取得有效的进展。这是因为初次见面的时间相对短暂，当你说自己感兴趣的话题时，其实是在无形中逼迫对方适应你的节奏，跟着你的思路走。也就是说，你把对方当成了听众。而在一般情况下，人们都不愿意做听众。尤其是让一个初次见面的人被迫充当观众，对方显然不会乐意。他或许会觉得你是在浪费他的时间，甚至觉得你选择的话题索然无味，这对你树立良好的第一印象是非常不利的。

"对别人说"并不意味着就要滔滔不绝地说，自己充当倾诉者，而让对方充当倾听者。滔滔不绝地说，会让对方心生反感，不愿继续沟通，也不会对你产生好印象。一般而言，"对别人说"有以下四种风格。

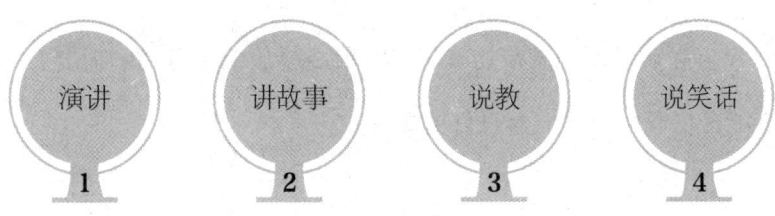

1. 演讲

有的时候，我们内心深处会有分享有趣资讯的强烈冲动，在这种情况下，我们也许就会以演讲的风格开始自己的长篇大论。也许很多人觉得自己肯定不会这样做，但是事实证明，在某些时刻或某些环境中，我们确实会不由自主地开启演讲模式。

对于演讲的人来说，演讲的经历是非常美妙的，而且，演讲者容易被美妙的感觉蒙蔽，感觉别人和自己有相同的体会是自己非常聪明、博学的表现。殊不知，站在对方的角度来看，倾听并不是一种很好的体验。

2. 讲故事

我们从小就听大人讲故事，在日积月累的影响中，我们对故事有着特殊的感情。每当说到故事，我们难免会产生一些期盼甚至些许激动。

故事的魅力是巨大的，对每个人都有一定的影响和吸引力。所以，当我们讲故事的时候，对方往往会更加集中注意力。

讲故事是一种很好的交流方式，故事就是人们互相交流的材料。在讲故事的过程中，可以取悦别人，找到与别人的共同点。但是，如果故事过于冗长，或是对方对故事的主人公并不了解，那么对方就会缺乏参与感，讲故事也会变成像演讲一样"一人说，一人听"的模式。

通常来说，如果在初次见面时就能将故事讲得简明扼要，那么就能轻松和对方建立起良好的关系。

3. 说教

这里所说的说教，就是千方百计地劝说别人同意你对某件事情的看法。主要涉及的话题有价值观、信仰、思维方式和你密切关注的事情等。这些话题有可能与你的生活紧密相关，甚至是你生活中不可或缺的一部分，也有可能是你和亲朋好友闲聊时的话题。但是，固执地坚持己见并不见得会有好的效果。

说话的目的是说服别人或是强迫别人改变自己的立场，这就是说教模式的典型标志。这种沟通模式隐含的信息是"你是错的，我是对的"。说教者在传递信息的同时，不停地将自己的价值观、思维方式等灌输给对方。或许这种说教只是源于一件自己感兴趣的事或是一个热点话题，如动物保护、低碳出行等，可是每个人都有自己的世界观，而且人们往往喜欢那些与自己有相同观点的人相处，对于那些试图改变自己的人，往往会敬而远之。

你当然没有必要隐瞒自己的价值观，但是你也要考虑一下希望从沟通中得到什么，思考一下你的观点有没有向对方介绍的价值。

要记住，假如你能尊重对方的价值观，而不是试图说服他接受你的价值观，那么你往往可以给对方留下较好的第一印象。

4. 说笑话

在首次与陌生人交流时，幽默可以让你魅力值大增。幽默会让对方心情愉快、精神放松，并和你展开良好的互动。

当然，说笑话也不能是单方面的行为，而是需要双方的互动。如果只是你一个人说，而让对方充当听众的角色，那么你也无法给对方留下良好的印象。

不同场合和情况，需要不同的"对别人说"的风格。至于谈话的具体内容，可以根据不同的对象做出有针对性的选择。实际上，只要能用让人感觉舒服和愉快的方式进行表达就好，交谈的内容都是次要的。

自 我 检 查

◎ 在和人沟通的时候，我喜欢以哪种方式表达自己？

◎ 面对一个喜欢说教的人，我能做到认真倾听他的观点吗？

> ● 在沟通过程中，不能只是谈论自己熟悉或是感兴趣的话题，而要在对方关心的话题上多做文章，只有让对方产生兴趣，沟通才能顺利进行下去。

在对方关心的话题上做文章

很多人都会在沟通时犯下一个错误，那就是滔滔不绝地谈论自己感兴趣的事情。殊不知，你的滔滔不绝恰恰映衬出对方的尴尬无言，这样的沟通必然没有实际的效果。

人只要说起自己关心的话题，通常都会放下心理戒备，向别人敞开自己的心扉。其中的原因很简单，对于自己比较熟悉的话题，人们往往有很多话可说，心理上就会相对放松一些。在相对轻松的心理状态下，人们更容易打开话匣子，恨不得把自己知道的所有与话题有关的东西都讲出来。在这种情况下，双方的沟通自然变得顺畅起来。

在初次沟通的时候，如果觉得话题一时无法展开，或是不知道怎么引起对方的注意，那么不妨尝试在对方关心的话题上做文章。

一旦对方进入谈话模式,他就会知无不言,言无不尽。有了这样一个切入点,就有可能让对方对你产生更多的好感,并对你说的话产生更多的关注。

爱德华·博克是《布鲁克林杂志》的创始人兼主编。在十三岁那年,爱德华·博克开始给社会各界名流写信,他最初的目标不过是想向那些名流求证一些事情,想了解一下他们传记中记录的内容是不是和实际情况相符而已。他写出的第一封信是给詹姆斯将军的,没想到将军很快就写了回信。这让爱德华·博克大受鼓舞,于是不断地给自己看过的传记的主人公写信,请求他们为自己解答一些心中的疑惑。没有任何例外,那些名人全部给他写了回信。而且在长期的交往中,他们都和爱德华·博克成了好朋友。

这些人中最为著名的一位,无疑是后来成为总统的拉瑟福德·B.海斯。在爱德华·博克刚刚创办《布鲁克林杂志》的时候,拉瑟福德为了表示对他的支持,特意在杂志上发表了署名文章,使得该杂志的知名度得到了极大提升,销量也随之飙升。有了拉瑟福德的帮助,《布鲁克林杂志》在创办之初就赢得了读者的广泛关注,爱德华·博克因此获得了别人难以企及的成功。

有些人或许觉得有些难以理解,为什么那么多的社会名流愿意给爱德华·博克回信,甚至愿意支持他的事业?其实原因显而易见——爱德华·博克信中的内容与社会名流切身相关,是他们比较感兴趣的话题。

而在现实生活中，很多人在沟通过程中滔滔不绝地谈论自己感兴趣的话题，而忽视了对方的感受，令对方心生不悦。当对方根本没有心思去听你说的话时，他怎么会愿意进行深入的沟通呢？想让对方认真听自己说话，首先要站在对方的角度上，选择对方关心的话题进行讨论，这样才能引起对方交谈的兴趣。当对方可以侃侃而谈的时候，沟通热情自然就被点燃了。这个时候，无论你说什么，对方都会带着愉悦的心情与你交谈，对你的印象当然会好很多。

如果你希望通过自己的表现吸引对方的注意力，于是千方百计地谈论一些自己擅长的话题，讲述自己的经历或是种种诉求，以求将焦点放到自己身上，那很有可能起到适得其反的效果，令对方与你渐行渐远。

自我检查

◎ 与人沟通的时候，我能够找到对方关心的话题吗？

◎ 面对陌生人，我是喜欢讲些自己喜欢的话题，还是讲些对方喜欢的话题？

_____
_____

> ◉ 每个人都有自己的兴趣爱好，而且对它十分关注。如果能够找到对方的爱好所在，再有的放矢地展开探讨，相信就可以给对方留下较好的印象。

从对方的兴趣爱好着手

在生活中，当有人和你具有相同的爱好时，你会对他表现出更多的关心。即便两个人是陌生人，也会因为有相同的爱好而产生亲近感。

通常来说，具有相同爱好的人，彼此之间更能理解对方的快乐和痛苦，更愿意和对方分享爱好带给自己的快乐，在这样的情况下，相互之间的吸引力显然更大，更能激发彼此心中的交流意愿。所以说，当你和陌生人交往的时候，不妨从对方的兴趣爱好入手，由此快速赢得对方的认可，获得对方的好感。

赵月刚刚大学毕业，手头并不富裕，所以尽管她有一份不错的工作，但是她依然选择和别人合租一套房子。

合租的女孩叫张蔷，是一个沉默寡言的人。有好几次，赵月想和张蔷沟通一下，可是并未成功。后来，赵月发现张蔷很喜欢看偶像剧，而且喜欢精心打扮自己。于是，赵月也试着看一些偶像剧，期待从张蔷的爱好入手，打破沟通的壁垒。

几天之后，还没等赵月去找张蔷沟通，张蔷就主动找赵月聊起了偶像剧。两个陌生人就这样慢慢拉近了距离，不久之后，两人就成了无话不谈的好朋友。

赵月和张蔷之所以能够成为好朋友，是因为赵月了解张蔷的爱好，并由此入手，迅速拉近了彼此之间的距离，获得了张蔷的好感。试想，赵月如果不理会张蔷的爱好，而是按照之前的方式继续尝试沟通，最终的结果会怎样呢？

所以说，想要和陌生人拉近距离，给对方留下良好的印象，就要先了解对方的兴趣爱好，并由此入手，跨越双方的交流鸿沟。那么，应该怎么做才能顺利发现对方的爱好并吸引对方关注的目光呢？

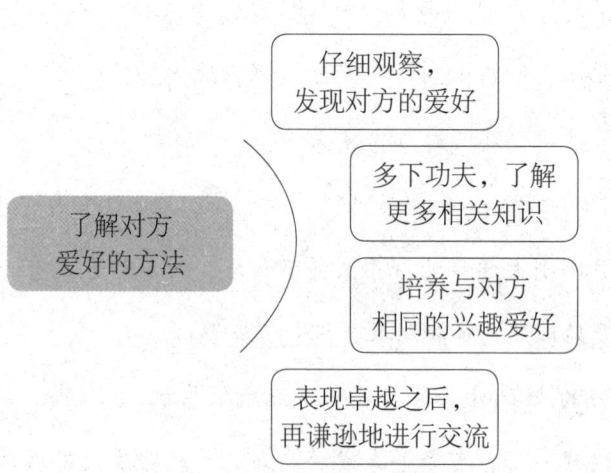

1. 仔细观察，发现对方的爱好

每个人都有自己的兴趣爱好，有的人喜欢读书，有的人喜欢健身，有的人喜欢逛街，等等。虽然不尽相同，但是仔细观察的话，一定会有所发现。想要赢得对方的关注甚至好感，进而获得深入交流的机会，就要从对方的兴趣爱好入手。

2. 多下功夫，了解更多相关知识

找到对方的兴趣爱好之后，就要多花时间和精力去了解和掌握更多的相关知识。这是因为对于爱好的事物，对方的了解程度一定很深。如果你没有掌握相关的知识，那么在和对方沟通的时候，一定会露出马脚，引起对方的不满。所以，多下些功夫去了解更多的相关知识和信息，有助于你赢得好感。

3. 培养与对方相同的兴趣爱好

发现和了解了对方的兴趣爱好之后，就要想办法将这种兴趣爱好变成自己的。比如，对方喜欢打篮球，如果想赢得对方的好感，就要认真培养打篮球的兴趣，只有真正投入其中，对方才会真正感受到。如果你只是知道一些毛皮，那么聊不了几句就会被对方看穿。这种只做表面功夫的行为，往往会招人厌弃。

4. 表现卓越之后，再谦逊地进行交流

想要引起别人的注意，仅仅了解对方的爱好并将其培养成自己的爱好是远远不够的，还需要在这个方面表现出自己的卓越成绩。只有表现卓越的人，才会让别人从心底里生出喜爱之情，这样你才有机会赢得对方的好感，掌握沟通的主动权。

与个人爱好有关的话题，往往是人们十分关注的。如果你能在开始沟通之前便在对方的爱好上做好功课，那就找到了谈话的突破口，让对方对沟通投入更多的热情，对你产生更好的印象。

自 我 检 查

◎ 与陌生人交往时，我是不是很难找到对方的爱好？

◎ 对方的爱好跟我的爱好不同时，我会谈论与对方的爱好有关的话题还是与自己的爱好有关的话题？

> ● 在沟通过程中，话题的好坏直接影响着沟通的效果。只有选择一些有得聊的话题，才能让沟通双方全情投入，获得更好的沟通效果。

话题有干货，聊起来更起劲

话题是沟通双方探讨的主要内容，是谈话的中心思想。毫不夸张地说，话题是沟通活动的灵魂所在。

在确定谈论的话题之前，要对对方进行适当的了解，从中发现他们的兴趣点，再有的放矢地选择话题，这样更能达到事半功倍的效果。而那些有干货的话题，往往更容易引起对方的关注。

通常来说，以下几种类型的话题更能引起人们的兴趣。

1. 与对方息息相关的话题

每个人都会对自己多一分关注，但凡面对与自己有关的话题或事情，总会打起更多的精神，这是人的本能反应，谁都难以免俗。如果能够找到这样的话题，那无疑可以让对方投入更多的热情，表现出更积极的态度。

2. 可以引发好奇心的话题

人人都有猎奇心理，都想知道一些自己并不了解的事情，对于这类话题，人们总会表现出更多的关注，也会更加愿意就此进行深入的沟通。一旦可以进行良好的沟通，那么对方自然会对你产生较好的印象。

3. 可以满足对方优越感的话题

每个人的内心深处，都渴望获得赞美。抓住对方的这种心理，聊一些能够满足对方优越感的话题，往往能使沟通变得更顺畅。

4. 可以获得有益知识的话题

"活到老，学到老"这句话反映出人们对知识的热爱，以及愿意学习的态度。对于未知的各种知识，人们总是充满探索的欲望。谈论这样的话题，不仅能够显示自己的博学，还能勾起对方沟通的意愿。

5. 有关梦想和信仰的话题

每个人都有自己的梦想，也都希望实现自己的梦想，这种对理想的执着追求，会让人对与梦想有关的话题多一分关注。信仰也是如此，作为人们的精神支柱，与之相关的话题同样会引起对方的兴趣。如果能够准确谈及梦想和信仰，相信可以让对方对你产生好感。

一个良好的话题对于沟通来说具有十分重要的作用，它是沟通能否继续进行的先决条件。

2007年，著名作家毕淑敏为北京市监狱的服刑人员进行了一次演讲。

"心理是身体的奇迹，人获得幸福与否取决于心理是否健康。曾有一家报社做过一个调查：谁是世界上最幸福的人。结果最幸福的人依次为：给孩子刚洗完澡，怀抱婴儿微笑的母亲；刚给病人做完手术，目送病人出院的医生；在沙滩上筑起沙堡，看着成果的孩子；写完小说最后一个字，画上句号的作家。看完这个消息，我有深入骨髓的悲哀。这些幸福，我几乎都曾拥有，自己却感觉不到，是幸福盲。因此，幸福关键在于我们发现幸福的目光，在于内在的把握、永恒的感情和灵魂的拯救。"

对于身陷囹圄的服刑人员来说，自由和幸福是最难能可贵的。他们对幸福的渴望，也是常人难以理解的。毕淑敏用演讲告诉他们：追求幸福并没有错，但是千万不能不择手段，更不能挑战法律的权威。其实，幸福就在生活的点滴之中，只要用心去发现和体会，就不难发现它的存在。在讲话之前，毕淑敏选择了一个十分恰当的主题，完全贴合听众的心态，所以能够获得极大的认同。

不夸张地说，只有根据对方的个人情况，选择一个恰当的话题，才能从沟通开始时就抓住对方的注意力，为成功的沟通奠定坚实的基础。如果选择的话题并不受对方关注和欢迎，那么沟通就很难继续下去，你也不会受到丝毫的欢迎。

自 我 检 查

◎ 与人沟通时，我选择的话题受不受对方欢迎？

◎ 有些话题总是聊几句就结束了，我能不能迅速找到新的话题？

第八章
有效表达：会说话，迅速提升他人对你的好感度

第一印象的形成与表达方式有着莫大的关系。同样一句话，面对同样的人，不一样的表达方式不仅会产生不一样的效果，还会给人留下不一样的印象。说话的音量、节奏、用词等，都是表达的重要组成部分。关注这些因素，并努力表现优秀、积极的一面，将有助于树立较好的第一印象。

> ● 名字是一个人颇具代表性的符号之一,所以人们对自己的名字总是十分关注,尤其是在初次和陌生人见面的时候,能够叫出对方的名字会让他心生感动。

鸡尾酒会效应:对自己的名字,人们总会多一分关注

在如鸡尾酒会一般的嘈杂环境中,存在很多不同的声源:许多人同时说话的声音、餐具碰撞发出的声音、音乐的声音及这些声音经室内的物体反射产生的反射声等。在这些声源传播的过程中,不同声源所发出的声波之间及直达声和反射声之间会在传播介质中相叠加而形成十分复杂的混合声波。也就是说,在到达听者耳朵里的混合声波中已经没有独立存在的声波了。可是,即便在如此复杂的情况下,听者依然可以在一定程度上听到那些他们所关注的声音。

也就是说,即便在嘈杂的鸡尾酒会上,人的听力依然具有选择能力。在这种情况下,人的注意力会集中在某一个人的谈话上而忽略背景中其他的声音。这就是人们常说的鸡尾酒会效应。实际上,这种效应在声学上指的是人耳的掩蔽效应。

之所以能在嘈杂的环境中顺利交谈，是因为交谈的双方将注意力放在了各自的关注重点上，对重点之外的声音有所忽略。当人的听觉注意集中于某一事物时，大脑会主动将一些无关的声音刺激排除在外，而对那些与自己有关的刺激则能迅速做出反应。从根本上来说，这是人的听觉系统的一种适应能力。简单说来，就是人的大脑会对声音进行判断和过滤，决定哪些要听，哪些不要听。

在诸多要听的声音中，人的名字是一个十分重要的刺激源。人们对自己的名字总会有种莫名的偏爱，只要听到有人喊自己的名字，就会以最快的速度做出回应，并可能对喊自己名字的人产生好感。

每一个人的名字都蕴含着独特的意义，都饱含长辈的殷殷期待，这种从出生开始便紧密相随的关系，难免让人对名字产生一定的感情。随着时间的推移，名字已经不仅仅是一个代号，而是人们生命的一部分，是一种极具代表性的个人符号。

试想一下，如果一个陌生人在刚刚见面的时候就能喊出你的名字，你会不会觉得十分惊喜？你的心中是不是会泛起幸福的涟漪？一个知道你名字的陌生人，至少是花费精力对你进行了一些了解，对于这样的人，你是不是会产生与他进行深入交流的欲望？

事实上，即便是在第二次见面时才喊出我们名字的人，我们也会对他刮目相看。这是因为对于许多人来说，想要记住一个陌生人的名字是十分困难的事情，然而，恰恰因为这种困难，能够做到的人必然令人印象深刻，甚至受人敬佩。

从某种程度上来说，一个人的名字不单单是一个代号，更是这个人最鲜明的名片。有句俗语是"人过留名，雁过留声"。这从侧面反映出每个人都渴望自己能够在别人心中甚至是历史上留下属于自己的印记，而名字恰恰是一个人的标记之一。虽然历史已经证明，能够名垂青史的人只是凤毛麟角，但是人们心中的这种渴望并不会因此而磨灭。

在你喊出陌生人名字的那一刻，他的心中必定是无比欣喜的，因为他能从中感受到你对他的尊重和重视。对他而言，这一声呼喊，就是世间千万种语言中最美的那一种。有了这样的美好感受，他的心中对你自然会生出好感，会更愿意听你说话，与你进行更深入的沟通。

在交往的过程中，每个人都希望自己能够给对方留下深刻的印象，而被人记住名字就是印象深刻的一种体现。如果你能在第一时间叫出陌生人的名字，会让对方对你另眼相看。这样一来，你的个人形象将会得到极大提升，更受众人的欢迎。

自 我 检 查

◎ 陌生人喊出我的名字时，我是觉得高兴还是感觉不安？
◎ 和陌生人沟通的时候，我是不是通常记不住他的名字？

> ◉ 与人沟通的时候，开场白是必不可少的。不同的开场白代表着不同的心态，掌握其中的奥秘，将有助于我们瞬间吸引别人的注意力。

精彩开场白，一开口就能吸引人

在进入谈话的正题之前，我们总会习惯性地说一段开场白。这是为什么呢？

从心理学的角度进行分析，可以给出两个答案：第一，讲话者担心对方不知道应该以怎样的方式去听自己讲话，所以一再地进行铺垫；第二，讲话者担心对方无法理解或是对自己的意图有所误解，所以进行许多自认为不可或缺的铺垫。

然而，并不是所有的开场白都能达到讲话者所期待的效果。讲好开场白，其实是一件十分考验能力的事情。

苏联文学家高尔基说过："最难的是开场白，就是你要说的第一句话，就跟音乐的定调一样，整首曲子的音调，都由它来决定。"由此不难看出开场白对于一场谈话的重要意义。

与陌生人沟通之前，给对方留下的印象就像一张白纸。通过开场白，我们向对方传递出第一个口头信息。一个好的开场白，能够迅速抓住对方的注意力，使得对方认真地听下去；一个糟糕的开场白，则会让对方心生反感，他的注意力也会很快转移到别处。

开场白的形式多种多样，但无论采取哪种形式，最终的目的都是一样的，那就是吸引对方的注意力。一般来说，开场白的形式与讲话者的性格息息相关，通过不同的开场白，可以传递不同的个人信息。

开场白的形式主要有以下几种：

1. 肯定式

这类人通常对自己将要阐述的观点充满信心，对自己所说的话也非常看重；他们坚信"君子一言，驷马难追"，虽然不会轻许诺言，但是一定会努力做到言出必行。

2. 否定式

这类人通常具有极强的自我保护意识，不愿意被外界环境影响；他们一般具有很强的征服欲望，愿意接受各种各样的挑战，敢作敢当的同时，又表现得过于执着。

3. 猎奇式

这类人通常具有强烈的支配欲望，对别人的隐私非常感兴趣；他们与别人沟通的时候，话题通常不会涉及自己或是与自己有关的人，大部分话题都围绕与自己毫无关系的人展开。

4. 家常式

这类人通常想拉近彼此间的距离，提升亲密度，所以选择从让人感觉亲切的话题入手；他们心思缜密，总能全面而细致地考虑问题；当发现别人的错误时，他们会及时地指出，但他们不会让人生厌，因为他们总是站在对方的角度考虑问题。

5. 冗长式

这类人通常非常体贴，很怕开门见山的开场白会令对方不知所措，所以要把自己准备讲的重要内容一一罗列出来；他们担心太简单的开场白无法体现自己的学识和口才，以至于给对方留下不好的印象，所以会将开场白不断延长。

6. 傲慢式

这类人通常具有极强的应变能力，能够根据不同的场合选择不同的开场白；他们通常会感到自卑，以傲慢的姿态示人，恰恰是为了掩饰内心的自卑。

7. 重复式

这类人通常对沟通策略颇为熟悉，善于推脱责任；他们不断重复一些对沟通双方都非常重要的内容，却不会以强硬的姿态要求对方接受，目的就是让对方明白，如果出了问题，和他们没有任何关系。

有句话叫"好的开始是成功的一半"，说得非常有道理。与陌生人初次见面，彼此之间了解不深，在短时间内很难产生共鸣，如果无法在较短的时间内调动起对方的积极性，那么沟通很可能将以失败告终。

从某种程度上可以说，一个好的开场白就是一张设计精美的名片，能够让对方从一开始就对你产生深刻而美好的印象，为后续的沟通奠定坚实的基础。

自 我 检 查

◎和陌生人沟通的时候，我能不能只用几句开场白就调动起对方的情绪？

◎对于开场白，我是不是并不在意，总是随意说点什么作为开场白？

> ◉ 通常来说，素质越高的人，用词越高雅、准确，这与其接受的教育是密切相关的。越是高素质的人，越容易受到认可，所以用词对第一印象有着非常直接的影响。

用词是素质的体现

现代心理学的研究结果表明，通过一个人的用词习惯，能够判断一个人的文化水平和处世态度，这对于人际交往具有一定的作用。假如你用词高雅、准确，说话干脆利落，不拖泥带水，人们往往会认为你具有较高的文化素养，做事干练果敢；假如你用词低俗、不当，说话啰里啰唆，抓不住重点，人们往往会认为你素质较低，做事拖沓犹豫。

通常来说，每个人都会有一些自己惯用的词语，这是在长期的生活中形成的一种习惯，它具有某些心理投射的功能，能在一定程度上反映出讲话者的内心世界。每个人的习惯用语都与其性格、生活经历、精神状态等因素息息相关，而且会因这些因素的差异，呈现出与众不同的表现方式。

可以说，你的用词就是你个人形象的缩影。在沟通过程中，不同类型的用词将会给对方带来不同的印象。

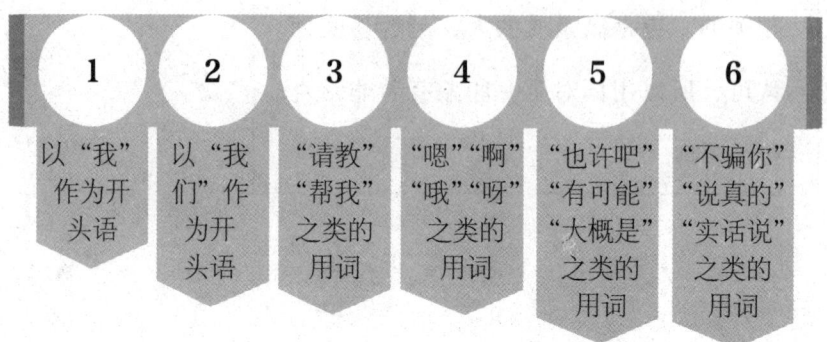

1. 以"我"作为开头语

经常将"我"作为开头语的人，往往会给人留下十分自信的印象。假如你习惯于以"我相信……""我认为……""我希望……"等开头，别人会觉得你的意志坚定、信心十足。经常使用"我"这个字，有助于强化自己的形象，给对方留下更加深刻的印象。

2. 以"我们"作为开头语

常常使用"我们"这两个字的人，会给人一种亲切感，让对方更愿意进行交流。相关研究表明，"我们"这个词能够让人产生团结意识，迅速拉近彼此间的距离。如果你很喜欢以"我们"作为讲话的主体，那么对方在心理上就会跟你站在同一立场。也就是说，善用"我们"，将有助于制造彼此间的共同意识，对促进人际关系将会有极大的帮助。

3."请教""帮我"之类的用词

使用这类用词,能够比较容易地赢得对方的好感。有些人看起来人缘极好,但是他们也不是天生就有某种神奇的魅力,只是因为他们善于利用请教的姿态来赢得别人的喜爱。比如,面对同事或年长的人,你可以说"前辈,请您多多指教",听到这样的话,对方很难不提供帮助或不给出建议。而且,这种姿态会让对方觉得你是一个勤学好问的人,自然会对你有好印象。

4."嗯""啊""哦""呀"之类的用词

这类用词就是我们常说的语气助词,虽然表面看来没有什么实际意义,但是它们背后隐藏着不同的心理状态。经常使用这类词语的人可以分成两类:一类人反应相对较慢,思维过程较长,说话的时候需要时不时地梳理思路,所以经常会停顿;另一类人心思缜密,为了尽量减少讲话中的漏洞,出于谨慎的目的而进行适当的停顿。

5."也许吧""有可能""大概是"之类的用词

经常说这类词语的人,往往很善于保护自己。在与人交往的过程中,通常不会在言语方面出现让人抓住的漏洞,相对老成持重,能够有效控制自己的情绪。这种人在人际关系方面比较成功,是交际场上的常青树。

6."不骗你""说真的""实话说"之类的用词

讲话中经常出现这类词语的人,往往缺乏自信心,唯恐别人信不过自己,所以不断强调事情是真实的。因为非常迫切地希望得到认可,这类人通常会显得有些急躁,可是他们越是不断强调事情的真实性，越容易引起人们的怀疑。

说话中的用词是一个人习惯和性格的体现，只是有时候你没有注意到而已。从某种意义上说，这些用词是你表达中重要的甚至是固有的组成部分。别人透过这些用语，就能发现你的某些特质。如果你能对自己的用词投入更多的关注，巧妙利用一些能够提升自己形象的用词，那么就能很容易给对方留下较好的印象。

自 我 检 查

◎在日常生活中，我是一个懂得如何用词的人吗？

◎与人交谈时，我会关注对方的用词是否准确吗？会根据他的用词来判断他是什么样的人吗？

> ◐ 任何一段讲话都应该有一定的节奏变化，通过掌控节奏，可以让讲话变得抑扬顿挫，充满节奏感。这样的讲话，才会让人更加喜欢。

掌控节奏，为讲话打好节拍

相信很多司机都有这样的发现：即便在十分开阔的场地中，高速公路通常也不会笔直地修建，而是过一段距离就会出现一个弯道。这是为什么呢？这样不是要浪费更多的资金吗？

这样的困惑应该很多人都有，但是说起其中的原因，其实非常简单：总在笔直的高速公路上行驶，司机往往会产生倦怠感，注意力容易分散，并逐渐感觉枯燥乏味，随着时间的推移，司机会慢慢地放松警惕，疲劳感也会袭上心头，对驾车安全是一种极大的隐患。弯道的出现，其实是一种精神方面的调节，让司机打起精神，保持警觉。

在讲话的过程中，同样需要"弯道"，需要有节奏的变化，否则，说起话来就像一杯白开水，让人觉得寡淡无味，提不起兴趣。一旦如此，讲话的效果就会大打折扣，讲话者自然难以受人欢迎。

所以说，节奏是讲话的重要组成部分，掌控得好，说话就会带上节拍，成为一首动听的歌。

那么，节奏的变化对于讲话究竟有多大的影响呢？我们不妨一起看看下面这个小故事。

一次，一位来自法国的悲剧大师到中国进行学习访问。

为了欢迎他，主办方举办了一个晚宴。晚宴上，在场的嘉宾邀请他现场进行表演。悲剧大师高兴地应承下来，并开始用法语进行表演。他说话的节奏十分缓慢，而且满脸都是悲伤的表情。现场的嘉宾中，有些懂得法语，有些不懂法语。懂得法语的人，表情十分诧异，深深被他的技巧折服；不懂法语的人，表情非常凝重，感觉他在讲一个十分悲戚的故事。大师表演完之后，许多人流下了伤心的泪水，他们很想知道大师讲的到底是怎样一个悲伤的故事。

随后，悲剧大师的翻译为大家揭开了谜底——悲剧大师不过是在念菜单罢了。这个结果令在场的嘉宾深感诧异，许多人根本无法相信自己的耳朵。

在这场即兴表演中，悲剧大师不过是在念菜单，却让一些嘉宾潸然泪下。究其原因，是悲剧大师通过节奏的变化和悲伤的表情，营造出一种悲伤的氛围。有些嘉宾不懂法语，便被大师的声音深深感动了。

那么，我们常见的讲话节奏分为哪几种呢？

1. 高亢

这种节奏通常可以展现威武雄壮的气势,带来极大的鼓动性。在讲述重大事件、宣布重要决定及描述令人激动的事情时,可以选择这种说话节奏。

2. 低沉

这种节奏通常可以营造低沉而庄严的氛围,语速比较缓慢,语气相对压抑。在一些庄重严肃的场合或是具有悲剧色彩的事件中,可以选择这种说话节奏。

3. 凝重

这种节奏介于高亢和低沉之间,声音和语速都比较适中,说话者把每个字都读得很重,表现出一字千钧的沉重感。在发表议论的时候,可以选择这种说话节奏。

4. 欢快

这种节奏非常常见,很符合大众的情感需求,听众相对容易接受。在日常交流及一般性的辩论中,可以选择这种说话节奏。

5. 舒缓

这种节奏通常可以营造出恬静、安闲的氛围,比较舒展、缓慢。进行说明性的叙述及学术讨论时,可以选择这种说话节奏。

6. 紧张

这种节奏通常可以营造紧张的氛围,语速比较快,能让听者保持一定的专注性。在汇报重要情况或是必须立刻澄清某些事时,可以选择这种说话节奏。

在不同的场合中，讲话节奏应该进行适当的调整，做到节奏与环境相匹配，才能最大限度地发挥节奏的力量。想要与人进行顺畅的沟通并给人留下良好的印象，就必须做到根据讲话的综合情况进行考量和选择。讲话的节奏是讲话的节拍器，只有正确运用它，才能让你的讲话更加具有吸引力，从而达到讲话的效果和目的。

自 我 检 查

◎ 说话的时候，我是不是喜欢平铺直叙，没有任何节奏变化？

◎ 与那些讲话很有节奏的人聊天，我是不是觉得乐趣更多一些？

> ● 说话的音量对表达效果有着直接的影响，音量过高会让对方感觉聒噪，音量过低则会让对方无法听清你所说的内容。所以说，只有音量适中，才能让对方听起来更舒服。

音量适中，听起来才舒服

在沟通过程中，音量的高低对交流的效果有着直接的影响。如果你的声音过小，像蚊子嗡嗡一样，对方不但无法听清你要讲的内容，而且会因此对你产生反感；如果你的声音太大，像拖拉机一样聒噪，那你所说的话就会变成让人难以忍受的噪音，对方会急切地渴望从你身边逃开。

显然，音量过小或过大都会给对方带来不好的体验。想要在一见面时就给对方留下好印象，保持适中的音量是非常有必要的。

实际上，天生就有完美嗓音的人只是极少数，即便是著名的歌手和主持人，也要不断进行训练和练习，这样才能让自己的声音听起来具有磁性。而这也恰好可以说明，音量的高低并不是不可改变的，通过后天的训练完全可以实现控制音量的目标。

音量的调整和控制与场合、环境、距离、交流对象等都有一定的关系,在学习控制的过程中,需要根据不同的情况,采取相应的手段。比如,你在安静的会议室里学习或工作时,想要听音乐的话,通常会选择舒缓而轻柔的类型;你在进行夜跑,突然传来一阵巨大的噪音,如果想听清耳机中的音乐,那么你就只能把耳机的音量调大一些。同样的道理,你想让对方听清楚你在说什么,就要不断调整自己的音量,以便将音量保持在相对稳定和适中的水平上。只有这样,才能给对方带去更舒适的聆听体验。

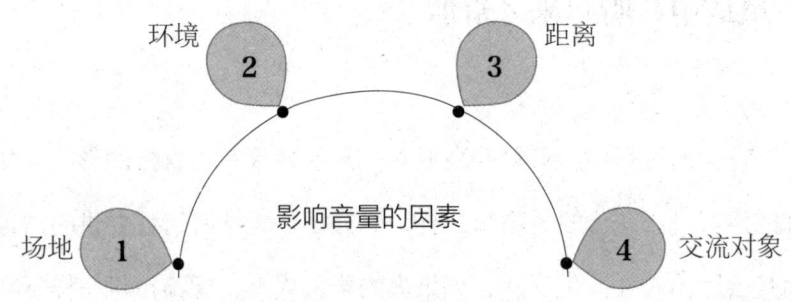

影响音量的因素

1. 根据场地调整音量

不同的场地,对音量会有不同的要求。一般来说,音量的高低和场地的面积、空旷程度等成正比。也就是说,场地面积越大,音量就越大;场地面积越小,音量就越小。

如果你在一个能够容纳数百人的大会议室里讲话,那么你就应该适当提高音量,这样才能让别人听清你在讲什么;如果你在一个小房间里和几个人进行交流,那你只要保持平时聊天时的音量就可以了。

2. 根据环境调整音量

与人沟通的时候，每次环境可能都不一样，有时嘈杂，有时安静，根据不同的环境去调整音量，才能更好地传达信息。

如果你身处公开场合，环境比较嘈杂，这时你就需要提高音量，以免自己的声音被噪音盖住；如果你身处比较封闭的空间，环境比较安静，这时你就没有必要使用过高的音量，以免变成噪音，引起对方反感。

3. 根据距离调整音量

在交谈的过程中，你和对方很难始终保持固定的距离，随着距离的变化，音量也要做出适当的调整。

当距离拉远时，音量要适当提高，让对方听清你的话；当距离变近时，音量要适当降低，以免让对方觉得聒噪。

4. 根据交流对象的情况调整音量

沟通是一个互动的过程，双方需要进行良好的配合，才能达到沟通的目的。你要时刻观察交流对象的情况，并及时调整音量，促使对方积极融入沟通之中。

当交流对象比较认真地听你说话或是有积极的反馈时，你的音量可以适当放低；当交流对象出现走神的情况时，你的音量就要适当提高了。

总而言之，控制音量并非易事，也不是一朝一夕就能实现的目标。你需要在各种环境和场合中不断练习和实践。只有亲身经历之后，才能深刻体会到场地、环境、距离及交流对象给沟通带来的影响。每次实践之后，立刻进行分析和总结，慢慢就能发现将音量控制在什么范围内是最好的，是最受对方欢迎的。

> **自 我 检 查**
>
> ◎ 根据别人的反馈，有没有人觉得我有时候说话就像吵架一样？
>
> ◎ 无论在什么场地、什么环境，我都习惯于按照固有的音量说话吗？

> ◉ 每个人都渴望得到真诚的赞美，一旦这种欲望被满足，理所当然地就会对赞美自己的人产生好感。在互相欣赏的氛围中，沟通自然就会变得简单起来。

适当原则：要赞美，不要奉承

人们普遍希望得到承认，而赞美的声音正好能够满足人们的这种需求，因此从某种意义上可以说，赞美的声音是这个世界上最好听的声音。无论是谁，面对赞美的时候都会失去一定的抵抗力。

从某种意义上说，赞美是一种风险低、回报率高的投资。适时而真诚地赞美对方，对方会更加受用，从而拉近双方的距离，令沟通变得简单、顺畅起来。

当然，赞美也有一定的原则，那就是适当，而不能过誉。一旦过分赞美，难免会有奉承的嫌疑，这会让人感觉不适。关于这一点，查斯特·菲尔德爵士做出过相当精辟的论述："赞美的话并不一定都能起到良好的效果，也可能因为场合或是时机不对而产生不良的效果。与其那样，倒不如什么都不说。"事实便是如此，虽然赞美有助于推动沟通的进程,但是想要做到最好真可谓"难于上青天"。

想给予对方恰如其分的赞美,就要多多了解对方的相关信息,搞清楚对方的喜好和特长,才能有的放矢地进行赞美,令沟通的氛围变得更加融洽。盲目的赞美会让人觉得虚伪和做作,只有源自内心、真情实意的赞美,才能触动对方,达到预想的效果。

美国钢铁大王查尔斯·施瓦布曾经说:"批评是最能扼杀人的自信的手段,所以,我从来不去批评别人,而是始终给予赞扬,我不喜欢对人吹毛求疵。凡是我喜欢的东西,我就真诚地给予赞扬,而且从不吝惜。"

在我们的身边,有很多这样的例子:某个人因一句赞美而备受鼓舞,于是不断努力,突破极限,最终获得令人难以置信的成绩,成为人生的赢家。

上海东方卫视有一档娱乐节目,名叫《笑傲江湖》。在第二季的节目中,有一位名叫逯爱岩的参赛选手深受评委和观众的喜爱。他用自己创作的"纸片人"给观众带来了欢声笑语,自己也因此而声名大噪。

众人正为逯爱岩的一鸣惊人而鼓掌叫好时,他的自述却让所有人大呼意外。原来他在数年之前就已经是一名小小的"网红",而且身为评委的宋丹丹还曾在微博上给他留言,表示赞赏。逯爱岩就是因为受到了宋丹丹的鼓励,才决定走上艺术的道路,并在这条路上越走越远。他运用自己的绘画功底，巧妙地创作出了令人捧腹大笑的"纸片人"节目。

逯爱岩提及这一往事的时候，宋丹丹并没有立刻反应过来，随后在逯爱岩的提醒下，她才回想起来。可能是因为时间相隔太久，也可能是因为习惯性地对人表示赞扬，宋丹丹一时之间没有想起自己赞扬过的逯爱岩，但是她那真诚的赞美已经给逯爱岩带来了巨大的力量，推着他在逐梦的道路上不断前行。

说一句赞美的话语其实并不困难，但是它给对方带来的精神力量是超乎想象的。宋丹丹很简单的一个赞美，不仅促使逯爱岩在艺术的道路上不断前进，还令逯爱岩对她充满了感激，产生了更加美好的印象。

在沟通过程中，适当地加入一些赞美对方的话语，能够吸引对方的注意力，从而获得更好的沟通效果，达到沟通的目的。其中的原因很简单：适当的赞美是一种发自内心的真情实感，对方听到之后，能够感受到你的真诚，对你产生一种亲切感，由此会对你所说的内容更加关注，更愿意听你讲下去。

真心实意的赞美并不需要华丽的辞藻来修饰，一句简单精练的话，或是一个充满赞赏的眼神，抑或是一个点头的动作，都能表达赞美的意思。精于赞美之道的人，往往善于观察和发现别人的优点，并通过朴实无华的语言，巧妙地表达赞美之意，使赞美显得真实、自然,让对方在愉悦地接受赞美的同时,对自己也产生较好的印象。

自 我 检 查

◎ 面对一个自己不喜欢的人,我能从他身上发现可以赞美的优点吗?

◎ 赞美别人的时候,我能做到客观、公正,不刻意地阿谀奉承吗?

第九章
在不同场合中,打造良好第一印象的方法

在不同的场合中,展现个人形象的方式也不尽相同。根据不同的场合、不同的情况,以及不同的对象,有针对性地选择展现方式,将有助于更好地打造良好的第一印象。要知道,每种场合都是与众不同的存在,在展现自己的时候,必须综合考量各种因素的影响,唯有如此,才能向对方呈现最好的自己。

> ● 人的内心深处总对自己人有更多的信任，也更愿意向自己人敞开心扉，因为自己人能够带来安全感，让人产生更舒适的感觉。

自己人效应：客户喜欢与自己有相同兴趣的销售员

所谓自己人效应，指的是如果想让对方接受你，那你首先要和对方持相同的观点，站在同一战线上，并将对方和自己看作一个整体。只有成为自己人，你说的话对方才会更加信任，才会更加乐于接受。

如果你想让别人同意你的观点，那就要先让他相信，你是他最忠实的朋友，也就是所谓的自己人。

在沟通过程中，沟通双方会对彼此产生一定的影响。有些影响是在无意间形成的，有些影响则是某些人刻意为之。刻意如此，就是为了给对方施加某种影响，以求让对方在某些方面做出改变。在诸多刻意施加的影响中，利用"自己人效应"是一种十分常见的方式。

王鑫是一家运动商品专卖店的销售员，因为服务比较周到，且对运动有一定的了解，所以经常得到客户的好评。

一天，一位年轻的小伙子走进店里，王鑫热情地迎了上去。

"您好，先生！有什么能帮您的吗？"

"我想买双足球鞋，跟同事们踢踢球。"小伙子很坦率地说。

"踢球好啊，既锻炼身体，又放松心情。我有时候也踢球，不过都是临时凑几个人，不像您这样，能跟同事约好一起踢。"

"哦，你也喜欢踢球啊，那有时间可以约了踢一场。"小伙子非常开心地说。

"那可真是太好了。先谢谢您了！"王鑫说，"您看看我，把正事都给忘了。您是在什么场地上踢球呢？"

"人造草皮的球场。"

"您平时穿多大码的鞋呢？"

"43码。"

"您对球鞋有什么特殊要求吗？"

"没有。"

"这样的话，您看看这双怎么样？这双是新款，虽然不是专业球鞋，但材质和工艺都达到专业水准，关键是性价比很高。我自己就穿这款鞋踢球，感觉包裹性和稳定性都不错。"王鑫边说边将一双球鞋递到小伙子手上。

小伙子接过鞋，穿上试了一下，感觉确实不错，于是决定就买这双。

在这之后，小伙子又介绍了很多朋友和同事到王鑫这里买东西，而且时常约王鑫一起踢球。在踢球的过程中，王鑫的交际面越来越广，销售额也越来越高。

王鑫对足球的喜爱使得小伙子对他产生了亲切感，这种"自己人"的感觉，让小伙子觉得王鑫和自己是同一战线的人，所以他对王鑫产生了较好的印象，对王鑫的话更加信任。靠着一个又一个"自己人"的不断介绍，王鑫认识的人越来越多，销售业绩也越来越好。

很显然，如果想让别人对你产生"自己人"的感觉，那么首先要在思想观念、做人原则等基础问题上具有相似性。要做"自己人"，以下几个方面应该引起你的注意。

（1）应该着重强调双方具有的相似性，以促使对方将你看成"自己人"。

（2）想要赢得对方的信任，就要在缩短双方的心理距离方面多做努力。当双方的地位比较接近时，沟通起来更为亲切，你能产生的影响也会更大一些。

（3）良好的品行有助于增加个人魅力、提升个人影响力，在日常生活中需要加强对这方面的重视。

自 我 检 查

◎ 买东西的时候，我喜欢和那些跟我有相同爱好的人交流吗？

◎ 对"自己人"，我是不是能够做到倾囊相助？

> 👁 在面试过程中，给面试官留下的第一眼印象相当重要。如果给面试官留下较好的印象，面试将有很大的可能获得成功；反之，面试很有可能会面临失败。

要想面试成功，关键在于见到面试官的第一眼

当今这个社会，竞争越来越激烈，生存压力越来越大。为了得到一个理想的职位，很多人挤破头地往前冲。

随着教育水平的提高，高学历、高能力、高情商的人越来越多，数百人甚至数千人争夺一个职位的情况也越来越多。巨大的竞争压力，让很多人焦虑不安。那么，怎样才能从众人中脱颖而出，成功得到梦想中的职位呢？对于很多求职者来说，这是一个难解的谜题。其实，答案很简单，那就是树立良好的第一印象。

第一印象的产生，源于初次面试的情况。也就是说，在求职的过程中，面试是一个非常重要的展现自己的机会。能够抓住这个机会，就有可能得到职位，否则，只能继续等待下一个机会出现。

参加面试时，一定要尝试用自己的方式引起面试官的关注，使其对你产生更多的兴趣。如果你保持活跃的思维，展现出自己的优点，

那么你就会给面试官留下较好的印象，为自己赢得更多的工作机会。

查理刚刚从一所名牌大学毕业，作为新闻系的高才生，他对报社有着深深的向往。

经过一番调查之后，他了解到当地有一家十分出名的报社，并将这家报社当成了自己的目标。

一天，查理径直来到这家报社，找到人力资源经理问："您好！请问贵社现在编辑的职位有空缺吗？"

"暂时没有。"

"那记者职位呢？"

"暂时也没有。"

"那校对呢？"

"这个也没有。实际上，我们目前并没有招聘新员工的计划。"

"这么说来，您一定需要这个。"查理边说边从包里拿出一块精致的木牌，木牌上写着"额满，暂不雇用"。

人力资源经理看到查理拿出的木牌之后，会心地笑了起来。她让查理到隔壁房间休息一下，然后马上给董事长打了个电话，将整件事的来龙去脉说了一遍。

没过多长时间，董事长来到了查理面前，并对他说："如果你愿意，可以到我们的广告部上班，那里现在需要一个人。"

照理说，查理的唐突拜访会给人力资源经理留下不好的印象，但是事实并非这样，查理用自己的幽默打动了人力资源经理，使她愿意主动向董事长汇报，给查理一个留下的机会。可以说，正是因为查理给人力资源经理留下的好印象，帮助他获得了这样一个看似并不存在的工作机会。

一般来说，面试场合应该是严肃而认真的，但是这并不意味着你一定要表现出严谨、刻板的一面。毕竟，面试官选择人才，主要是从适合公司需求、具有相当能力的角度来考虑的。你只有想办法抓住面试官的眼球，才能得到更多展现自己的机会。从这个角度上说，你关注的重点不应该是如何迎合面试官的喜好，而是如何更好地表现自己的优点。当你的优点足够吸引人，能给面试官留下深刻的印象时，你就能从众多的应聘者中脱颖而出了。

自 我 检 查

◎ 参加面试的时候，我会准备很多预案，却唯独没想怎么给面试官留下深刻的第一印象吗？

◎ 无论参加什么面试，我总是使用同一套说辞吗？

> 👁 对于刚步入职场的人来说，如何与同事相处是一个不小的课题。通常而言，如果能给同事留下较好的印象，那将有助于你融入同事的圈子，迅速和同事打成一片。

塑造一个良好的新同事形象

随着时代的进步，社会分工也越来越明确，每一位职场人士，都有自己的工作定位和职责。在工作过程中，与同事打交道是职场人士每天的必修课。

每天的工作中，我们至少要和身边的同事相处八个小时，也就是一天中有三分之一的时间要和同事待在一起。可以说，同事已经成为我们生活中相当重要的组成部分。与他们相处得如何，直接关系到我们的心情，以及事业的发展。

与同事之间关系融洽，我们的心情会非常愉悦，更容易做出好成绩；与同事之间关系糟糕，我们的心情会十分压抑，不仅无法安心工作，还会对自己的身心健康产生影响。

尤其对新员工而言，不仅要抓紧时间适应工作环境、了解工作流程，还要抽出时间来学习如何与同事相处，需要接收和处理的信息太多，难免会出现某种程度的混乱。

那么，应该怎样处理与同事之间的关系，以便给同事留下良好的印象呢？

1. 对同事表示尊重

俗话说："你敬我一尺，我敬你一丈。"在人与人交往的过程中，互相尊重是最基本的相处原则。关于尊重需求，马斯洛的需求理论中有很明确的阐述，在这里就不再赘述。需要注意的是，同事之间的联系是以工作为纽带的，而不像亲人、朋友那样是以亲情、友情作为基础的。一旦关系出现裂痕，将很难弥合。所以在处理同事关系时，最重要的就是尊重对方。

2. 不产生物质方面的纠纷

在与同事相处的过程中，难免会有互相借钱、借物或赠送礼品等物质方面的来往，这是十分正常的现象。但是有一点需要谨记，那就是所有的来往都要做到心里有数，有借有还，有来有往。"好借好还，再借不难"及"礼尚往来"之类的说法，是人们在长期的生活实践中总结出来的经验，具有一定的借鉴意义。你向同事借钱时，主动打个借条，能让彼此心安；同事向你借钱时，你也可以要求对方打个借条，这并不是不信任，而是为了避免纠纷，是为了更好地维护同事关系。

3. 对有困难的同事表示关心

大家在一起共事，每天朝夕相处，能够团结自然比较好。即便是不熟悉的同事遇到困难，你也不应该袖手旁观，尽己所能地出手相助，对方会对你心生感激。这样一来，你和同事之间的感情会越来越好，关系也会越来越融洽。

4. 不议论同事的隐私

每个人都有自己的隐私，而且不希望被人知道，这是人之常情，我们应该予以尊重。无论在什么情况下，我们都不该议论同事的隐私，尤其是在办公室等办公场合，议论同事隐私的行为更加不能被接受。这种行为不仅会损害同事的声誉，还会令你与同事之间的关系变得紧张甚至恶化，可以说，议论同事隐私是一种不光彩的、百害而无一利的行为。

5. 主动为自己的失误道歉

"人非圣贤，孰能无过"。在工作中难免出现一些失误，当你的失误给同事带来麻烦和困扰的时候，就有必要主动表达歉意，塑造知错就改的良好形象。

6. 及时将误会解释清楚

对待同一件事情，每个人会从不同的角度去理解，这就可能在某些时候造成一些不必要的误会，如果不及时解释清楚，任由其发展的话，误会就会变成打造良好同事关系的巨大阻碍。

初到公司的新人，面对陌生的环境和同事，难免会有心理上的波动，担心自己无法和同事好好相处，害怕自己做不好工作，等等。虽然这是正常的反应，可是你想给同事留下良好的印象，就必须尽量减少不良心理带来的影响。

自 我 检 查

◎ 在同事眼中,我是怎样一个人?

◎ 同事遇到困难的时候,我会主动伸出援手并竭尽所能地提供帮助吗?

> ◉ 领导能够身居其位，必然有其过人之处，作为下属，向领导请教是理所应当的。更何况，向领导请教不仅能够收获知识，还能得到领导的赏识。

经常向领导请教，虚心学习才能受赏识

身处职场之中，有一点必须要谨记：每一位领导都有值得学习的地方，积极向他请教，对你有百利而无一害。

也许有些人觉得自己的领导并没有什么过人之处，无法从他身上学到什么，于是一味我行我素，甚至不把领导放在眼里。殊不知，领导既然能够成为领导，必然有其过人之处。只有不断向领导学习，才有可能坐上领导之位。

在我们身边，总有一些同事能以不断学习的姿态投入工作中，他们不仅能向领导虚心请教，还能向身边的同事积极请教。这些同事不仅受同事欢迎，还受领导赏识。他们之所以能够取得长足的进步，是因为他们能够汲取别人的长处。

向领导请教，不仅能够学习领导身上的特质，汲取对自己成长有益的养分，让你尽量少走弯路，最大限度地激发自己的潜能，还

能让领导感受到你对他的敬重，从而更加认可和器重你。

田芳是一名毕业不久的大学生，刚刚走上工作岗位。虽然是相关专业毕业的，但是田芳总觉得自己对工作的理解并不是很到位。于是，她总是积极向领导请教。

遇到不懂的地方，她会向领导请教如何理解；遇到难以解决的问题，她会询问领导解决的办法；遇到实际情况和理论知识不符的情况，她会积极向领导讨教应该以哪个为准……

领导见她如此努力好学，便真心实意地教导她。田芳也积极主动地学习，很快便掌握了工作的规律和一些常规的知识。领导见她如此努力，感觉十分欣赏，便在工作中给她很多照顾，使得田芳很快便取得了巨大的进步。

在领导眼里，不懂就问是员工应该具备的一个基本素质。田芳的积极请教，为她加分不少，所以才能得到领导的帮助，在短时间内取得了令人瞩目的成绩。

作为职场新人，学习和成长是两个最基本的目标。积极向领导请教，是一个很好的学习途径。如果你能经常以积极、谦逊的态度向领导请教，对方自然也会慷慨地给予你相应的支持和帮助。那么，究竟应该怎样向领导请教呢？在请教的过程中又需要遵循什么原则呢？

1. 坚信领导是值得学习的

通常来说，领导都是行业内的精英，他们能够出类拔萃，必然有让人折服的地方。作为领导，需要考虑很多事情，对团队的建设也要有全盘的考量。他们不仅要协调公司内部的关系，还要搞好外部的联通工作。可以说，领导所要承受的压力是一般员工难以想象的。所以说，无论是从能力、人脉还是从抗压能力上说，领导都有过人之处，都有值得学习的优点。

2. 关心公司绩效

公司存在的意义，就是创造更多的价值。作为领导，自然会对公司业绩多一分关心。如果你也能主动关心公司的业绩，领导自然会对你另眼相看，对你产生更多的好感。

3. 认真倾听

领导在说话的时候，你千万不能随意打断，而要表现出认真倾听的样子。同时，应该跟着领导的思路走，并在适当的时候给出积极的回应，或是提出相应的问题。

4. 做好本职工作

想要从领导那里得到自己关注的信息，做好本职工作是最基本的要求。如果你对本职工作都推托、不满，领导怎么会回应你的请教或是给你晋升的机会呢？

5. 积极主动

通常来说，领导的工作都是十分繁忙的，所以他们并没有足够的时间和精力去关注每个下属的动态。如果你在这个时候主动请教，就能展现你努力进取和积极学习的良好态度。在这种情况下，领导往往愿意传授给你一些经验和知识。

领导的地位高于下属，所以他们在心理上往往也处于优势地位，他们总会希望下属能够尊重自己、跟随自己。经常向领导请教，恰恰能够满足领导的这种心理。领导的心理需求得到了满足，自然会对下属的表现感觉满意，对下属的印象随之也会好很多。

自 我 检 查

◎ 对于自己不熟悉的工作，我会主动向领导请教吗？

◎ 向领导请教的时候，我会以什么姿态出现在领导面前？

> ● 一名优秀的管理者往往会在管理工作中加入一些"人情味",这样的暖心行为,会让下属备受感动,心甘情愿地为公司发展做出贡献。

南风法则:让下属暖心的管理,需要一些"人情味"

有这样一则寓言,说的是北风和南风打赌,看看谁能让行人把身上的大衣脱掉。北风先登场,它使劲地吹,用力地刮,一时间寒风凛冽、冰冷刺骨,行人感觉寒冷,于是把大衣裹得更紧了;南风登场,它并不像北风一样拼命地刮,而是温风相送,暖意融融,行人感觉热,于是主动把大衣脱了下来。最终,南风赢得了赌局。

南风法则就出自这则寓言,它蕴含的意思是,温暖胜于严寒。运用到管理实践中,南风法则对管理者的要求是尊重和关心下属,在管理中多点"人情味",并多帮助下属解决日常生活中的实际困难,使下属真正感受到管理者给予的温暖。这样一来,下属就会因为感激而更加努力积极地为企业工作,维护企业的利益。

20世纪30年代初,世界经济陷入低谷,日本经济也不例外。

日本国内的大部分公司都选择裁员，以减少薪酬压力，苦苦支撑等待转机。很多员工遭遇失业，生活没有丝毫保障。松下公司也因经济低潮而遭受了重大损失，销售额锐减，商品积压如山，资金周转出现了严重问题。此时，有管理人员提出裁员，将业务规模缩小的建议。可是，因病在家休养的松下幸之助并没有接受这样的建议，而是毅然决然地采取了与其他公司截然相反的做法：不裁一名员工，实行半日生产制，但工资按全天支付。与此同时，他要求所有员工利用闲暇时间去推销积压的产品。

松下幸之助的这种做法得到了所有员工的一致拥护，大家想方设法地推销产品。不到三个月时间，积压的产品便销售一空，使松下公司顺利渡过了难关。

松下公司曾经遇到了几次严重的危机，但是松下幸之助在困境中仍然坚守信念，始终将员工放在重要位置，并充分考虑员工的利益。这使公司的凝聚力得到了极大的提升，抵御困境的能力也得到了增强。每次面对危机，松下公司的全体员工都奋力拼搏，携手渡过一次次难关，而松下幸之助也赢得了员工们的一致颂扬。

面对困境，松下幸之助没有抛弃自己的员工，而是站在员工的角度考虑问题，最大限度地保护员工的利益，这使得员工备受感动，愿意为公司奉献自己的所有力量。在所有员工的共同努力下，松下公司不仅渡过了一次次难关，还越发壮大起来。

在管理工作中，只有真正赢得员工的心，才能让员工死心塌地地为公司的发展贡献自己最大的力量。在管理工作中多点人情味，有助于培养员工对公司的认同感和忠诚度，也能令管理者给员工留下较好的印象。

很多事实早已证明，但凡能够赢得下属信任的领导，都有一套能让下属心甘情愿接受的管理手段，其中有效的手段之一就是以情动人。这样一来，即便下属承受了很大的压力，他们也会更有动力和目标。就算身体很疲惫，他们的心中也是快乐和幸福的。

自我检查

◎ 在管理工作中，我能站在下属的角度上考虑问题吗？

◎ 作为管理者，我有足够的魅力让下属跟我共渡难关吗？

> ● 恋爱中的人，总希望恋人能和自己保持亲密无间的关系，似乎两个人时时刻刻都在一起，才能显示两个人的爱情有多甜蜜。实际上，无论两个人的关系多么紧密，都要给对方留出足够的空间，这样才能让彼此感到舒心和自在。

刺猬法则：保持不远不近的恋爱关系

西方有一个寓言故事，说的是在滴水成冰的天气里，两只刺猬想要互相依偎着取暖，可是在刚开始的时候，它们靠得太近，结果身上的利刺把对方刺得鲜血淋漓。经过一段时间的尝试和调整之后，它们终于能够保持适当的距离，这样一来，它们不但能够给对方带去温暖，而且避免了互相伤害。心理学上的"刺猬法则"便来源于这个寓言故事。

刺猬法则强调，在人际交往中应该保持一定的心理距离，只有给别人留出一定的空间，才能取得良好的沟通效果。尤其是在初次与心仪的对象见面时，更应该学会与对方保持恰当的距离，如果丝毫不给对方留出空间，那么对方非但不会对你产生好感，反而会心生厌恶。

这正应了过犹不及这个成语，只有把握好其中的度，才能给对方留下良好的印象。

个人空间是一个相对概念，它的具体范围由交往双方的亲密度及身处的环境来决定。根据交往双方的亲密度，人类学家爱德华·霍尔博士将人际交往的区域或距离划分成四种。

1. 亲密距离

在人际交往中，这种距离是最小的，有的时候甚至没有距离，也就是我们常说的"亲密无间"。在这种距离下，你可以清楚地观察到对方的表情和眼神的细微变化，有时会有肌肤的接触，乃至于可以感受到彼此的体温、气息等，体现出你和对方亲密友好的关系。

2. 个人距离

在人际交往中，这种距离是稍微有些分寸感的距离，一般没有肢体方面的接触。你和对方的距离保持在两臂左右，只要保证双方能够亲切地握手、友好地交谈就可以了。与熟人沟通的时候，可以保持这样的距离。但是和陌生人沟通的时候，最好适当增加一些距离，以免侵犯了他人的空间，引起对方心理上的不适。

3. 社交距离

这种距离是一种社交性或礼节上的安全距离，反映出交往双方的关系比较正式。一般来说，在工作或社交场合中，人们都会以这种距离进行交往。在面试或谈判的场合，这种距离会适当增加一些，比较普遍的情况是你和对方之间会有一张桌子，这样能让现场的氛围显得更加庄重一些。

4. 公众距离

这种距离在公开演讲时相对常见一些，也就是演讲者和听众之间的距离。相对而言，这种交往空间比较开放，一个演讲者通常要面对为数众多的听众，所以很难做到一对一的交流及有效沟通。但是，由于演讲者和听众之间并不一定会发生更多的联系，所以对双方而言，这种距离其实是比较合适的。

从上面的划分方法中不难看出，交往距离的远近其实体现着交往双方的亲密程度。在交往中给对方留出适当的空间，可以让对方感受到你的热情和尊重。即便是关系亲密的恋人，也都需要各自的空间。每个人心里都有自己的"秘密花园"，这是对隐私的一种正常需求。没有征得对方的同意，你就不能随意闯进"花园"，否则，一旦对方觉得受到侵犯，你在对方心目中建立起的良好形象就会崩塌，再想进行挽救将非常困难。

自 我 检 查

◎ 面对心仪的对象，我能控制自己，不过分接近吗？

◎ 和恋人确定关系之后，我还会在意自己在他面前的形象吗？

_____

_____

附录

初次交谈的技巧

与陌生人相见和交谈,你的心中肯定会有一定的期待,当然也会有些许的忐忑,这是一种十分正常的表现。

一次成功的交谈,重点并不在于具备雄辩的口才,而在于进行感情上的交流和思想上的碰撞。

对大多数人而言,做到通过一定的技巧清晰而准确地传达自己的意图或传递相关的信息,是可以通过不断练习实现的。如果你想在初次交谈中就赢得对方的喜爱,以下这些技巧值得参考。

1. 相信自己

你害怕与人交谈,也许并不是因为对交谈本身充满恐惧,而是担心自己无话可说、无言以对。在谈话的过程中,你总是绞尽脑汁地思考自己接下来应该说些什么,而对别人说的话一个字都没注意。这样难免会让交谈陷入僵局,难以继续下去。实际上,如果你能对自己充满信心，相信自己能够对答如流，不去关注自己应该说什么，而将注意力放在倾听别人说什么上，那么很容易就能在别人的话语中找到谈资。你该知道，其实不是只有你感觉紧张，和你交谈的人同样也很紧张。所以说，你根本没有必要因不知道说什么而害怕与陌生人接触。

2. 三思而后说

这是谈话技巧中十分有效的一种，也是交谈时应该遵循的重要原则。只有经过三思之后，你才能避免信口开河，才能找到准确的话题和恰当的表达方式，这样，对方才会对交谈产生兴趣，而不至于因为听了你一句没头没脑的话而感觉兴致全无。在很多情况下，因言语不当而冒犯他人所造成的错误，比缄默不语还要严重得多。三思而后说能够最大限度地避免言语不当的情况，对你树立良好形象是非常有利的。

3. 给别人说话的机会

所谓交谈，是两个人之间的谈话，要有沟通和互动。如果你滔滔不绝地说，却不给对方说话的机会，那么注定无法获得良好的沟通效果。在对方说话的时候，你应该认真地聆听，不能轻易打断对方，以表示对对方的尊重。如果对方谈论的话题让你感觉棘手或难堪，你可以不表态，而是想方设法地尽快转移话题。要知道，你不能滔滔不绝，对方也不能喋喋不休，互相尊重才能更好地交谈。

4. 变换话题避免冷场

在交谈过程中，冷场是一个比较尴尬和难于处理的局面。这时，你可以试着提出一些问题不断进行试探。当一个话题无法继续下去的时候,就马上切换到另一个话题。或者你可以顺着当前的话题,谈论一下最近看过的一本书、听过的一首歌等。通过这种方式进行调节,冷场的情况就能得到适当的缓和。如果真的一时之间无法找到合适的话题继续下去,那么暂停一下谈话也无大碍,没话找话地瞎聊一通,反而会给对方留下不好的印象。

5. 向对方求教

向对方求教,是一种行之有效的打开话题的方法。当你谦虚地向对方请教时,对方能够感受到你的真诚和尊重,所以无论你请教的问题是体育方面的还是科学方面的,是涉及流行趋势的还是与传统文化有关的,对方都会竭尽所能地为你做出解答。这种交谈技巧简单易行,效果立竿见影。

6. 适当赞美对方

毫无疑问,人们都喜欢被人赞美,也都喜欢说赞美话的人。可是,有些人偏偏吝啬于赞美。这可能是因为有些人对赞美有偏见,也可能是因为有些人不喜欢当面表达对别人的赞美。实际上,赞美的话并不一定要很长、很多,有时候一句"你真漂亮/帅气"就能让人心花怒放。

7. 关注对方的反应

交谈时,不要将注意力仅仅集中在交谈内容上,而要时刻注意观察对方的反应,只有这样,你才能知道自己说的话是否恰当,能否引起对方的兴趣。交谈时不要过度使用"我"字,这会让对方产生"你只关注自己"的感觉，对树立良好形象是极为不利的。

8. 正确使用身体语言

身体语言是交谈中非常重要的交流手段，通过它往往可以更直接地表达自己的感情，从而使交谈获得更好的效果。但是，在不同的地区，同样的肢体语言可能代表着不同的意思。这就需要你在平时多看、多学、多积累，只有掌握了这些知识，才能避免因误用身体语言而招致反感的情况。

对所有人来说，初次与陌生人交谈都是一项困难的工作，毕竟对对方缺乏了解，不知道应该从何处入手推动交谈的顺利进行。于是，有些人便对初次交谈充满恐惧，甚至想方设法地避免与陌生人交谈。然而，逃避解决不了问题，只要能够勇敢地面对，再加上一些有效的技巧，其实与陌生人沟通并没有想象中那么困难。